文通斑马
BOOKS LIFE

抵 达 成 长 的 边 界

TRUST YOURSELF

微奢糖——著

中国水利水电出版社
www.waterpub.com.cn

·北京·

内 容 提 要

　　幸福感是我们衡量人生的唯一标准，也是我们进行一切活动的最终指向。要想真正实现幸福生活，必须拥有良好的心理状态。人在成长和发展过程中的心理状态，又称心理资本，包含自信、乐观、希望和韧性四个维度。拥有高水平心理资本的人，能够勇于争取想要的事物，倾向于对事情做出积极正面的评价，对目标锲而不舍，即使身处逆境或遭受挫折，也能迅速复原。本书从四个维度对心理资本进行深入剖析，帮助读者改善心理状态，重获人生的信念，提高生活的幸福感。

图书在版编目（CIP）数据

　　你要去相信 / 微奢糖著. -- 北京 ： 中国水利水电出版社，2021.3（2022.5 重印）
　　ISBN 978-7-5170-9354-1

　　Ⅰ．①你… Ⅱ．①微… Ⅲ．①人生哲学－通俗读物 Ⅳ．①B821-49

　　中国版本图书馆CIP数据核字(2021)第036498号

书　　名	你要去相信 NI YAO QU XIANGXIN
作　　者	微奢糖　著
出版发行	中国水利水电出版社 （北京市海淀区玉渊潭南路1号D座　100038） 网址：www.waterpub.com.cn E-mail：sales@waterpub.com.cn 电话：（010）68367658（营销中心）
经　　售	北京科水图书销售中心（零售） 电话：（010）88383994、63202643、68545874 全国各地新华书店和相关出版物销售网点
排　　版	北京水利万物传媒有限公司
印　　刷	河北文扬印刷有限公司
规　　格	146mm×210mm　32开本　8.5印张　180千字
版　　次	2021年3月第1版　2022年5月第2次印刷
定　　价	49.80元

2020 年，是极不平凡的一年！

一场新冠肺炎疫情，在新年钟声还没敲响前突袭而来，从上到下，老老少少都措手不及。

往日繁华的城市似乎一夜之间变成了空城，交通停滞，商店关门；一票难求的春晚现场只剩下了主持人和表演者；确诊的数字不断上升……我们每个人都慌了，好难！

很庆幸，我们生活在一个无比珍视百姓生命的国家，疫情得到了最好的控制。但疫情的影响，却让每个人都无法置身事外。

要结婚的，酒店定了，请帖发了，但婚期变了！

要回家的，车票买了，家人盼了，但回不了家了！

年过完了，假期到了，但打工的却上不了班，学生也上不了学了！

……

没有人知道这样的日子何时才能结束。

那种还没来得及感叹就已置身其中，且无法预测今后会如何的感觉让人恍惚，充满了不确定性。

就像有个网友说的："年初，我最大的愿望是活着；年中，我最大的感受是扛着；年末，我最大的期待是稳着。"

疫情现已基本在我们的控制范围之内，商店开门了，居民可以出行了，疫苗也可以免费打了，但那份亲身经历的慌乱和不安却久久影响着我们的内心，我们好像变得胆小了，不敢乱花钱了，什么都想留一个B计划。

是啊，我们从来没有像现在这样，如此渴望一份确定性。

到底怎样的确定性才是我们需要的呢？是有多少钱，有多么稳定的工作，有多么靠谱儿的爱人吗？并不是！有人说："尽管偶尔会沮丧，但总有一种东西在支撑着你向前。"这个支撑着我们继续努力工作、好好生活的东西，就是内心里的信念，就是无论怎样的处境，内心依然坚定的感觉，也就是心理学上说的"心理资本"。

"心理资本"一词，由心理学家路桑斯提出，它源于积极心理学和组织行为学，是指个体成长和发展过程中表现出来的一种积极的心理状态。一直以来，人们都很重视人力资本和社会资本，但如今看来，心理资本是否充足，直接决定着人力资本和社会资本使用程度的大小。

所谓人力资本，简单来说，是指你拥有什么；而社会资本是指你能得到怎样的社会支持；心理资本则回答了"你是一个什么样的人？你想成为一个什么样的人"的问题。

心理资本是由你的自信水平、乐观水平、希望感和韧性程度决定的。试想一下，如果一个人的心理资本水平很低，但他拥有极大的物质财富，你觉得他会过得幸福吗？答案是否定的。

据调查，21世纪，人类每年由于心理问题而自杀的人数将近100万，远远超过任何战争、瘟疫、饥荒所造成的伤亡人数。因此，2012年6月28日，第66届联合国大会宣布，将每年的3月20日定为"国际幸福日"，以倡导积极、快乐、充实的生活。所以说，要想真正实现幸福生活，首先必须实现心理健康。

而我之所以要以心理资本为核心来写这本书，一是因为我们都迫切地需要打造自己的心理资本；二是因为这正是我读研期间的研究课题。在从事心理咨询、接触了大量的成人和孩子后，我越发觉得，心理资本才是一个人一生中最大的资本和财富。

在起书名阶段，编辑问了我两个问题："心理资本的本质是什么？""心理资本究竟能给一个人带来什么？"他让我用最简短的话来回答，我说："希望。"

然后，我收到他和助理编辑的一段对话：

"读过书的内文后，你的第一感受是什么？"

"人生的问题实在太多了，但生活的真相往往并不像人们所以为的那样，要懂得抽离、接受和改变，还要有一种既要接受现实又要向往更好状态的信念！"

这段对话让我兴奋了很久，因为我感受到了被理解、被懂得，我觉得一切付出都散发着超值的光芒。最让人欣慰的是，这的确就是我的想法，就是我的文字想要传递的东西，我也期待着以文字的形式带给更多的朋友一份力量。

因此，我要对你说的是，无论你经历着什么，都请带着一份笃定的信念对自己说："你要去相信……"乍一听，你会觉得这不是一句完整的话，但这个宾语只有你自己去完善，它才能成为照亮你前行的信念灯塔。

定下书名的那个下午，我想起了过去的点点滴滴，想起了第一份工作的开始和结束，想起了第一次主持的千人年会，想起了在越南一年半的生活，也想起了遇到的人和事，最让我感触良多的是接触心理学和读研深造。

2013 年是我第一份工作的转折点，从斗志昂扬到迷茫至极。在一个冬天的下午，我见了一位心理学老师，她带我去了海边，让我选一块最能代表那时的我的石头，并对它说出我所有想说的话，然后穿过眼前的石山，把它扔向海中。就是从那一刻起，我决定走进心理学。

2015 年，我开始一边上班，一边备考心理学研究生，其中有很多辛苦，但值得的是，我收获了对自己的那种掌控感。

这段经历中的每一个决定都让我完成了一次很好的内心整合，仔细想想，就是一份朦朦胧胧的"相信"和"寄托"在陪伴和指引着我。

在我看来，"你要去相信"就是给外在自己和内在自己一次对话的机会，是一种既要接受现实又要怀揣希望的信念，也是自我意识具体化的实践。

如果一定要提出几个关键词，那就是接纳、尊重、臣服、选择和舍弃，这些内容，我都会在书中进行说明。

你可能会问，这样的自我对话真的管用吗？

让我用一个事例来回答。我有一个读者，她参加了我的情绪训练营，当时的她很焦虑，在群里讲述自己过往的一个经历，她反复指责自己当时有多么糟糕。我跟她说："不管怎样，那个时候的你，做了你能做到的最好的程度来保护自己。"

如今已过去一年，她跟我说，这句话就像灵丹妙药，陪伴她走过每一次的困境和低谷。不得不说，人之所以能，是因为相信能。

在此，我也祝愿你能从书中找到内在自己，陪伴你走过长长的一生。

那么怎样才能拥有坚定的信念，让自己去相信呢？

说到这里，你需要先了解自己的心理资本水平。你可以试着回答以下四个问题：

（1）面对挑战和未知，你更容易担心还是去尝试？

（2）对于你现在和未来的成功程度，你是积极的态度还是消极的态度？

（3）你会为了实现目标而不断调整方法，还是遇到困境就想放弃？

（4）当身处逆境或挫折时，你能够很快恢复吗？

这就是心理资本的四个维度的内容。当然，我也在书中给大家提供了完整的心理资本调查问卷，你可以填写并自我反馈，以进一步了解自己的心理资本水平。

在书中，首先，我会和你聊聊幸福。你会了解到是什么在影响你的幸福感，你也可以自我检查一下，你的幸福偏见是什么？在这里，我最想说的是，幸福不是一种结果，而是一种能力。要想拥有这样的能力，你就要从提升自己的心理资本入手。

其次，我会从心理资本的角度来和你分享"你要去相信"这个信念背后的心理学基础。它一共有四个维度：无条件接纳的自信、灵活的乐观、创造性的希望、反直觉的韧性。

为了让你清楚地理解这四个维度，本书以星座、友情、家族、亲密关系等生活版块为话题，以界限、自我价值、目标设定、归因风格、自尊等为主题，为你解释人的悲观认知模式、幸福的洛萨达比例、目标设定的PE-SMART原则、螃蟹定律、ABC理论等实用的心理学发现。你会了解到直觉可能是错觉，相关不等于因果，眼见不一定为实，渴望不同于喜欢；你也会了解到人生其实只有三件事，影响你的只有10%的事；你还会了解到人会有幸福焦虑症，人际关系分为横向与纵向等内容，它或许与你所了解的"常识"相冲突，但对你非常重要。

虽然一个人可能能做好所有认知范围内的事，但他一定不可能做到认知范围之外的事。因此，我们需要在前人经验的基础上去了解并拓展自己的认知。希望以上内容会给你启发。

很多人了解心理学是从精神分析开始的，原生家庭、创伤是人们提及心理学谈论得最多的东西，我也一样。但随着对心理学接触得越深，我越喜欢积极心理学，与忙着减少痛苦和查找痛苦根源相比，我们更需要向前看，试着用可利用的资源创造自己想要的生活，这不正是这个时代能为我们所用的最大的价值吗？

在这个最好的时代里，不要一味地做那个一直跟过去较劲的人，扔掉所有的标签，给自己一份新的希望和认识，来填写属于你的信念之语吧！

"你要去相信＿＿＿＿＿＿＿＿＿。"

亲爱的读者，幸福的反面不是不幸，而是麻木。请收下这份心理资本，做一个内心富裕的人，踏上时代的巨轮，朝着梦想的方向启航吧！

微奢糖

2021年1月

目　录

Trust

Yourself

Part ❶

第一章

幸福——做一个懂得幸福的人

如何成为一个幸福的人

你觉得21世纪，人类面临的最大生存挑战是什么？

污染？战争？瘟疫？贫穷？其实都不是。据调查，21世纪，人类每年由于心理问题而自杀的人数将近100万，远远超过任何战争、瘟疫、饥荒所造成的伤亡人数。因此，可以说幸福问题不仅是个人的情感体验，更是21世纪人类面临的一个生存挑战。

关于幸福感，心理学家泰勒·本－沙哈尔是这样解释的："幸福感是我们衡量人生的唯一标准，它是所有目标的终极目标！"①

"唯一""所有""终极"都是心理学避讳的词，但在"幸福"这个话题上，本－沙哈尔教授说得如此绝对，可见，幸福有多么重要。

那我们幸福吗？

---

① 泰勒·本－沙哈尔，《幸福的方法》。

2012年，中央电视台推出了一个互动话题——你幸福吗？参与互动的人群涵盖了白领、科研人员、农民、企业家等。

他们说得最多的是"我父母还没买房，我不知道我幸不幸福""说不清楚，太麻烦""我是打工的""我要是高考多考几分就好了"等。

关于幸福，我问过一个一年级的孩子，我说："说到幸福这个词，你能想到什么？"她回答："啊！我不幸福，我很辛苦。如果不练琴，我就幸福了。"

可见，不分职业，无关年龄，我们和幸福之间似乎总隔着遥远的距离，诸如成就、物质、遗憾等。

与拥有挂钩的幸福

有人说没房子不幸福，没好工作也不幸福，那有了房子，有了好工作是不是就幸福了呢？

其实不然。

来访者李姐因为儿子存在的问题前来咨询。李姐40岁，是一个企业家，开着百万豪车，住着高档别墅，还有一对健康的儿女。但在一个小时的咨询里，她一直说着儿子的拖拉和不懂感恩，说着老公的甩手掌柜作风，也说着不能照顾年迈父母的遗憾。总之，她一直在倾诉自己好苦，很不幸福。

我问她为什么不去做点儿让自己幸福的事，她感慨："哪有这个时间啊！"那么，有一个把所有时间、金钱都给自己的妈妈，孩子应该很幸福了吧！

我见到了她的儿子，15岁的小伙子，打扮得时尚帅气，也很有礼貌，在一所很有名气的私立学校读高中。说到幸福和开心，他只是不屑地哼了一声，然后说"学习不好，谁会看得起啊""幸福就是有方法搞好学习""我最开心的事情就是考了第三名"等。

在他的心中，学习好不好决定了他是不是有资格幸福。一个是事业有成、儿女双全的中年人，一个是家境优渥、备受关爱的高中生，他们拥有多少人梦寐以求的东西，但他们却感受不到幸福！

这是因为他们把幸福物化了。在妈妈的幸福观里，儿子学习好，她才幸福；在儿子的幸福观里，他有个好成绩才幸福。事实上，幸福不是如此定义出来的，它是一种由内而外的体验和感受。

我们之所以拥有很多却感受不到幸福，是因为从来不关注自己拥有和享受着什么，而是一味追逐着那些尚未拥有的东西。所以，我们常说："要是……就好了！""只有……我才会幸福。"带着这样的思维，我们只会沉浸在对未来的焦虑里，而无法享受当下的幸福。

带有目的性的幸福

一个人什么时候最幸福？有人说："延迟满足的那一瞬间最幸福。"

那让我们来做个假设，如果你是一名运动员，你最期待的是什么？会让你觉得最苦的又是什么？

这个不难回答，最期待的一定是获得冠军，而最苦的无非就是日复一日的训练和这不行那不行的约束。

有个运动员就是如此，他很喜欢吃汉堡，但作为一名壁球运动员，他不得不控制自己的饮食，还要进行超强度的训练。

身边的人都安慰他，成功后一切都值得，他也暗暗发誓，比完赛就疯狂地吃喝玩乐。

很幸运，这一天在他16岁时就达成了，他获得了壁球冠军。

就像期待的那样，他冲进汉堡店，一口气买了4个汉堡，本想狼吞虎咽，但打开包装后，他却一点儿食欲都没有了。他说，丝毫吃不出随心所欲的味道。

躺在床上，夺冠的瞬间和索然无味的汉堡在眼前闪现，他哭了，他不明白得到梦寐以求的东西时，为什么丝毫不幸福？

这个人就是心理学家泰勒·本－沙哈尔，他是哈佛大学幸福心理学专业的教授。那到底为什么，他在得到一切后，却陷入失落呢？

那是因为幸福背后承载了太多东西，一个是延迟满足的痛苦，一个是习惯。

可想而知，训练很苦，会让人想要放弃，而让他坚持下来的动力就是想象成功后的景象。因此，这个成功景象里有一份延迟的痛苦。不管多少人仰慕，也不管汉堡有多么诱人，想到这些难熬的经历，喜悦也就大打折扣了。

习惯不分好坏，会让身体产生记忆和适应，就像沙哈尔，他已经适应了高强度的训练和科学的饮食，而放肆地吃汉堡却成了一个熟悉但陌生的新行为。

所以，手握冠军奖牌，守着朝思暮想的汉堡时，他感觉到的只是空虚。生活中，这样的事情有很多，比如考试，备考时我们会幻想考完后的疯玩，但真考完时又觉得不知道干点儿什么。

为此，沙哈尔把幸福分成了四个象限，代表四种不同的人生态度和行为模式。第一种是享乐主义，及时行乐，逃避痛苦；第二种是忙碌奔波，牺牲眼前幸福，追求未来目标；第三种是既不享受眼前从事的事情，对未来也没有任何期待；第四种是既享受当下从事的事情，也通过目前的行为获得更加满意的未来。

这四种方式很难说绝对好或绝对坏，但第四种无疑是最佳的——享受当下的同时，积累未来的快乐。

最宝贵的幸福就是做好当下你最能掌控的那件事。

偏离轨道的幸福

很多人都说"要是我能买个大房子就完美了""要是有个幸福的家庭就好了""要是有个女儿就好了"等等。但真实情况是，他们拥有这些后，会进入新一轮的"要是……我就幸福了"。

这种不幸福是一个假想，元凶是"反事实思维"。所谓反事实思维，是指人们会习惯性地否定眼前真正发生的，而寄希望于那个幻想中的完美之事。

有这种思维的人，会一直着眼于自己没有的，只能看到别人的老公很会做饭，别人的孩子帮忙做家务等，而忽视自己所拥有的东西。

所以，如果不幸福成为一种常态，那可能不是幸福出了错，而是我们出了错。

那你的幸福又是怎样的状态？今天，我想跟你说的是，如果你觉得幸福没有如期而至，你可以进行自我检测。

首先，从模式上看，是不是价值外化？比如，妈妈以孩子的表现作为自己幸福的标准，以有没有结婚、有没有生子作为幸福与否的前提。如果是这样，请告诉自己：幸福是我自己的感受，它不是别人给予的。一旦把幸福和外界关联在一起，你就走进了被动幸福的怪圈。

其次，从心理上看，幸福背后有没有"反事实思维"？留意自己的语言里会不会经常出现"要是……就好了""只要能……我就会很开心"这样的话。

我们能够平安地活着，本就是一件值得感恩的事情，有爱人相伴、孩子绕膝本就是幸福。

幸福既不是过去时，也不是将来时，而是现在进行时。

看到这里，我希望你闭上眼睛，对自己说："我值得幸福，我坚信幸福，我愿意为我的幸福负责。"接下来的篇章里，我将从心理资本建设的角度，来澄清我们对幸福的误解，纠正那些影响我们的旧模式，帮助你获得主动创造幸福的勇气和能力。

为什么你总是深陷别扭的关系

　　婚姻中常出现这样一幕：好不容易摆脱唠叨妈妈的男人又找了一个唠叨的妻子；好不容易摆脱大男子主义爸爸的女人又找了一个大男子主义的老公。

　　也有人会说："他根本不是我喜欢的类型，那么多优秀的人，我怎么就选择了他？"

　　又比如：

　　总是对同一类型的人迷恋到不行；

　　本来有天壤之别的两人却很幸福地生活在一起；

　　久处后发现，最爱的人有着自己最讨厌的性格和习惯。

　　生活的表现形式各不相同，但困惑大致相似，那就是：为什么我会爱上不可思议的人呢？

　　从心理学上看，大概有以下几个原因。

强迫性重复

心理学家弗洛伊德提出了"强迫性重复"，是指人在经历了一件极度痛苦或者快乐的事后，会在以后的生活中反复创造这样的经历。

对痛苦的强迫性重复很容易让人归因为命运不公。

有位女性因为家暴接受心理咨询，第一任老公每次喝醉酒，就对她拳打脚踢，实在无法忍受的她选择了离婚；第二任老公因为家庭矛盾对她大打出手，她再一次选择离婚。

失落的她把这些归因为命运。

但她还是试图与命运搏斗，找了第三任丈夫。这一次，她选择了大家公认的好人，不可思议的是，她再一次遭遇家暴。

她哭诉道："第三个男人是我特意挑选的好脾气的人，怎么还是对我下手？"

想必这也是很多人的困惑。

但细聊才知道，无论哪一任老公，在双方吵到最激烈时，她就会说："你想打我不成？打呀，不打你就不是男人。"

说来有些苛刻，但真是可怜之人必有可恨之处。双方处于暴怒时，这些带有侮辱和挑衅的语言就是暴力的导火索。从精神分析的角度来说，这个女人就是在对痛苦进行强迫性重复。

她试图用极端的语言来试探——"你是不是也像他们那样打我？""我是不是真的战胜不了命运？"

很不幸，这样的试探一般都会失望，因为她把决定权交给了别人，这就意味着首先得到的是"失控"，再次得到的是期待落空的"失望"，最后，她会坚信"这就是我的命运"。

因为强迫性重复的心理，人们会去一次次重复创伤的经历，看起来这样的不可思议像是命运的安排，其实是我们的主动选择。

缺失性需要

萨提亚流派导师林文采提出，人有五种基本心理营养，分别是连接、安全感、价值感、爱与被爱、独立自主。[①]

任何一种心理营养的缺乏，都会让人如饥似渴地向外界寻求。比如一个安全感不足的女性要么爱问"你爱不爱我"，要么控制孩子，只有这样，她才能相信世界是安全的。

缺失性需要会让人一直处于饥渴状态，在爱情里就会变成不顾一切。

比如一位有名的歌手，她聪慧、独立、坚强，小小年纪便在酒吧驻唱养家，参加大大小小的社交活动，但父爱的缺失让她始终像个没长大的孩子。

因此，她把老板的照顾和关心视若珍宝。在她心里，这份爱不止是爱情，还有对一直没有满足的父爱的期待。所以，不管外界和

① 林文采、伍娜，《心理营养》。

妈妈如何阻拦，她还是一意孤行地嫁给他。

她根本不舍得放手，除非爱到穷途末路。

这就是缺失性需要，它很容易让人产生"爱"的错觉，沉浸在自己想象的爱里。

我们不能断言，因缺失性需要而走在一起的婚姻就注定失败，但这样的爱情从一开始就夹杂着过高的期待和太多的负担。

拯救者心态

30岁男生小李因恋爱不顺前来咨询。他长相帅气，家境和事业都不错。小李一共交过两个女朋友，一个是精神分裂，一个是抑郁症，最后都以痛苦收场，他说："我名牌大学毕业，为何是个恋爱小白？"

他的成长经历回答了这个问题。

8岁时，他曾被爸爸的怒吼和妈妈的尖叫声吓醒，看到爸爸揪着妈妈的头发暴打，躲在门后的他瑟瑟发抖，一度吓到失声。

很长一段时间，他都不敢见妈妈，因为他觉得自己是个背叛者，懦弱而自私。

上高中时，他曾试图劝妈妈离婚，但妈妈说："为了你，我也不能现在和他离婚。"

他既救不了妈妈又战胜不了爸爸的无力感，让心中对爸爸的恨与日俱增，慢慢地，他就站在了"拯救者"的位置上，他努力上学，好好工作，只是为了把妈妈从这个不幸的家庭里拯救出来。

正是因为这种"拯救者心态"，让他对弱者有一份着迷的保护欲，他总试图证明："我很厉害，我可以拯救你。"遇上闷闷不乐的女友时，这种保护欲就会被激发，而他错以为这是爱情。

其实，爱情里的拯救者很多，很多人走进恋爱关系时，会信心十足地想要用爱感化对方，甚至说："我相信他会因为我变好。"然后不求回报地付出，可结果大都事与愿违，因为没有谁可以拯救别人。

更糟糕的是，拯救失败会让人陷入自我怀疑，要么继续寻找需要保护的人，要么深陷无力感中痛苦不堪。

因此，很多不可思议的遇见，其实是内心深处的拯救者心态在作祟。

不管是强迫性重复、缺失性需要还是拯救者心态，都在告诉我们一个爱的真相：如果你反复被一类人吸引，或者你频繁在类似的事情上碰壁，请不要简单地告诉自己"这是我的命"，而应去找到那个隐藏的刺。

当然，有人会说，虽然外人看着不舒服，但人家相处得很愉快啊。没错，我们不能站在道德制高点去指责别人，但从个体成长的角度来说，我们需要调整那个被称为"命"的点，因为亲密关系只是亲密关系，无法长期成为任何一种其他关系的替代品。

在不可思议的爱里，主角都带着一份成长的使命。

智慧的父母，
不做孩子的庇护伞

父母一直拼在亲子教育的最前线，是一件好事吗？

抢购学区房，辗转各个培训班，在母慈子孝和鸡飞狗跳的戏码中不断反转，他们铆足了劲，要给孩子拼出一条好的起跑线。

挣扎过后，很多人抱怨说："我这么辛苦，小兔崽子却不识好歹！"也有人一把鼻涕一把泪地哭诉为人父母的焦虑和辛苦。但画面一转，孩子也苦不堪言，哭着弹琴跳舞，背着快比自己还高的书包来回穿行。

这到底是怎么了？

是给的太少吗？不，是亲子教育的秩序出了问题。比如孩子的学习成了父母的任务，父母的梦想成了孩子的目标，所以，他们互相说着"你给我赶紧做作业""我会给你考好的"。

可能有人会问，到底要怎么做呢？在我看来，最智慧的父母不是做孩子的庇护伞，而是做孩子的降落伞，帮助孩子走上人生的主角位。有这样几个故事值得反思。

信任让孩子成长

就像降落伞那样，让父母成为孩子的安全防线，而更多的时间，他可以自己去探索和这个世界打交道的方式，哪怕伴随着一些残酷和冒险。

补齐孩子的不足和缺陷往往是为人父母的心愿，但其实给孩子去面对的机会更宝贵。

杭州有个7岁的男孩叫一能，阳光帅气，因和小伙伴们一起演奏《我和我的祖国》而大火。一眼看去，他们毫无差别，除了这个孩子跟其他人抱琴的姿势不一样。

细看才能发现，孩子的左手手指缺失。经过6次手术，左手大拇指才恢复基本功能，努力帮孩子恢复到最佳程度后，一能的爸妈坦然接受了这一切。

他们鼓励和支持孩子学习最喜欢的大提琴，别的孩子用左手抱琴，右手拉弓，一能就用右手抱琴，左手掌根握弓。

学习大提琴才5个月的一能，已经考过大提琴专业一级。

在校园生活中，一能的爸妈也嘱咐老师不要对其特殊照顾，一能可以慢慢适应。他们也从不把孩子的左手藏起来，慢慢地，一能和其他孩子不仅没有差别，反而能做得更好。

不得不说，来自父母的这份笃定的信任会帮助一能增加掌控感，当他能够像其他孩子一样做很多事的时候，他就会忽视自己的不同。

相反，父母对孩子的特殊照顾是扼杀孩子自信的摇篮。

在我的课上，我接触过一个左手和左脚都不太方便的孩子，他的爸妈会帮孩子系鞋带，坚持不要二胎，妈妈辞职在家照顾他。

这么用心，孩子反而情绪波动大，和同学相处不好，上厕所不能自己提裤子。其实，父母的照顾看起来让孩子很舒服，但是剥夺了孩子尝试适应生活的机会，孩子也就无法建立与外界相处的自信。

不回避，让孩子安心

亲密关系有矛盾就会影响孩子吗？其实，真正影响孩子的是父母的处理方式。

表妹家的孩子有一次问我："姑姑，我的爸爸妈妈会离婚吗？"一脸蒙的我问她怎么了，她说："妈妈说跟爸爸过够了。"

细问表妹才知道，两天前，夫妻俩因为买房子吵架，刚好女儿放学回家看见了这一幕。晚上10点多，本已上床睡觉的孩子突然跑到爸妈的卧室问："你们会离婚吗？"

表妹和老公抢着说："没有没有，爸爸妈妈没有吵架，快去睡吧，乖。"

我问她为什么不直接说出来，她说："孩子那么小，怎么能受得了啊！"

　　我真想说她是在自欺欺人，表面上看，孩子被她的"自作聪明"安抚了，而孩子已经保留这个疑问两天了，这真的是对她好吗？我不赞同。

　　北京大学心理学博士李松蔚老师曾这样安慰吵架的父母："放轻松，只是在孩子面前吵个架而已。"

　　就算进一步讲，两个人真的走到离婚那一步，也无须遮遮掩掩。我始终认为，父母能够为自己和对方的人生负责，不委屈，不抱怨，才是对孩子最好的言传身教。

　　关于夫妻吵架会不会影响孩子，同事小李的做法就很好，儿子问她："妈妈，你怎么和爸爸吵架，是不爱爸爸了吗？"她没有直接回答，而是反问儿子："你上次为什么和琪琪打架？"儿子说："因为我想玩那个玩具，琪琪不同意。""那你现在和琪琪还是好朋友吗？"儿子坚定地说："是。"小李接着说："是啊，爸爸妈妈也是这样，因为我们想得不一样，所以就吵架了，但是我们还会像你和琪琪那样和好。"

　　不得不说，面对亲密关系的矛盾，小李的做法更能安抚孩子，她不回避，而且用孩子可以理解的方式说出来。

　　其实，孩子比我们想象中的要强大，他可以面对很多，但又比我们想象中的要脆弱，如果大人不如实相告，他会在一些小细节里胡思乱想，甚至自我折磨。因此，最可怕的不是父母不幸福，而是父母不敢面对自己不幸福这一事实。

身心一致，让孩子有尊严

去年，因开法拉利跑车送孩子上学而被踢出群的霍先生，大家还记得吗？

有人说："这样不利于教育，会引起孩子们的攀比心理。"

也有人说："不就是送个孩子嘛，普通的车也行啊，反正你们也不差钱。"

霍先生说："钱是我辛苦赚来的，不偷不抢。如果见别人开跑车就要攀比，那是不是你们的孩子太脆弱？我凭什么再买一辆普通车来为你们服务呢？"

一位网友的回复特别好，他说："孩子本来就要面对这个大千世界，社会里什么样的人都有，什么地位的人也都有，这点儿事就想不通，还要求对方家长去做出改变，这到底是孩子脆弱还是大人脆弱？"

其实，真正会伤害孩子的，不是同学家开着跑车、住着豪宅的富裕生活，而是家长的"玻璃心"。

有个妈妈分享说，一次下雨天，她骑着电动车送孩子上学，尽管雨衣穿得很严实，但孩子脚上排练用的白鞋子还是湿了。刚到校门口，孩子的一个同学就从一辆豪车上下来，被抱着走向教室。孩子拿着书包，头也不回地往前走。她知道孩子不高兴，想了想，还是追上去问孩子怎么了。沉默了一会儿后，孩子说："我什么时候才能像他一样，坐不淋雨的车？"

　　她说，那一刻，自己很心酸，眼泪就要夺眶而出，但是定了定神，她还是问孩子："妈妈每天准时来接你，你觉得开心吗？"孩子回答："开心。"她又追问："那他的爸爸妈妈也每天准时来接送吗？"孩子摇头并面露喜悦。她告诉孩子："每个人都有好的一面，也有坏的一面，但我们都可以去公平争取。"因为赶时间，她和孩子约定，晚上一起订下自己的奋斗目标。

　　从心理学上讲，攀比背后是有积极动力的，那就是"我想要和你一样"，这恰恰是教育的最好机会。

　　最好的教育不是给孩子奢侈的物质生活，而是让精神奢侈起来。就像攀比，我们可以在家长群里一起说服那个有钱的家长，但孩子走向社会后呢？那些更富有的同学、朋友，他又要怎么面对呢？

　　说到底，我们永远无法为孩子打造一个童话般的虚拟世界，但可以帮助他培养挑战自己的勇气，帮助他看到别人的好，也看见真实的自己，并为想要的东西去努力。

　　父母越是身心一致，孩子越有接受自己的勇气和力量。

顺势而为，让孩子更强大

　　心理学家弗洛姆曾表达过这样一个观点：成熟的父母之爱，就是送孩子走向自己的人生之路。[1]

---

[1]　弗洛姆，《爱的艺术》。

每个人都有不完美的地方，比如家境贫寒，或长相一般。作为父母，对孩子最好的爱便是顺势而为，在孩子个性的基础上去打造铠甲。

心理学家阿德勒曾说，对于一个自卑的人而言，最好的能力就是创造能力。[①]

这句话是说，面对生活中的不如意，如果躲躲藏藏，它会更强大。任何困难都有出路，但需要我们有创造性生活的能力。

断臂女孩雷庆瑶，3岁失去双臂，想要上学的她得到了父亲的全力支持。父亲给她买来纸笔，开始陪着她用脚练习写字。刚开始总是失败，作为父亲的那份心疼可想而知，但他继续默默陪伴。后来，雷庆瑶成了如今这个优秀的女孩，是游泳健将，是主持人，也是演员。

所有用手不能做的事情，她全部可以用脚完成。关键是她还乐观自信，她会给自己的脚涂上好看的指甲油，面对外人，她永远都是乐观、开朗的模样。

可见，很多时候，打败孩子的往往不是生活的困难，而是父母自己。

比如一个先天兔唇的女孩，爸爸为了不让孩子被欺负，坚持送孩子上学，下课也早早候在学校门口。

孩子上学期间发生了这样一件事，被老师点名回答问题时，孩子竟满脸通红，紧张得哭了。

---

① 阿德勒，《这样和世界相处》。

老师安慰孩子时，不懂事的同学说："老师，她只是嘴巴不好，所以害羞。"只是帮忙澄清的话传到爸爸耳里后，第二天便对全班同学进行了一顿批评和教育。

就这样，没人愿意跟这个女孩玩。她开始买很多小零食，偷偷塞给小朋友们，却不承认是自己送的礼物。

女孩是那么渴望和其他孩子正常相处，但父母的过度保护却让孩子没有尝试的勇气，反而形成了恶性循环。

毫无疑问，父母都恨不得把最好的都给孩子，但是父母永远代替不了孩子生活，孩子终归要自己去面对更大、更陌生的世界。

最好的父母之爱，就是让孩子学会自我生活的能力，并为自己的生活负责。作为父母，我们无法给他一个完美的世界，只能陪伴他去勇敢探索。

父母之爱的最智慧之处便是把生活的权利交还给孩子，不做庇护伞，而是做孩子的降落伞。

自律的人生，
心想事成

　　每到新年，就到了大家订目标的时候，面对新的一年，你最想做的事是什么？很多人的目标都指向三件事：读书、健身、改掉坏脾气。

　　我们都知道健康的生活方式是怎样的，同时，我们每天都在和自己的惰性做斗争，不然，好好读书和健身也不会成为"最想做的事"——它们真的太难做到了。

　　我们的身边从来不缺减肥的朋友，他们买了各种代餐，办了各种健身卡，做了各种减肥计划，但结果往往是代餐过期了，健身卡过期了，计划作废了，还是没瘦下来。

　　原因并不复杂，就是三个字：不自律。

　　所以，在这个春天刚刚开始的时候，我们要告诉自己：别让那些曾向全世界宣誓的豪言壮语，只是说说而已。

　　自律，真的这么难吗？

自律毁于失控感

其实，真正让你痛苦的不是不自律，而是失控感。

有个女孩小刘因为不自律找我咨询。

事情是这样的，有个很厉害的姐姐邀请她到自己的培训班做嘉宾，她欣然答应，但没有准时完成内容，最后，分享不得不取消。

这个姐姐很生气，对她一顿指责后，直接删掉了她的微信。

她一个劲儿地跟我重复："我连减肥都做不到，我什么都做不好。""我每次都因为不自律把事情搞砸。"丝毫没给我说话的机会，她把自己贬损得一无是处。

我让她讲述几个不自律的例子，其中一个是这样的，她给自己订了周计划，读两本书，做两个产品介绍的PPT，结果，她只做了PPT的第一页。讲述中，她对自己的失望、愤怒、内疚一直夹杂着跟自己死杠的念头。

仔细看看，一周读两本书，还要做两个PPT，这是个好想法，但她忽略了做到的可能性。

不得不说，她进入了完美目标—做不到—痛苦—自我惩罚—失控的恶性循环。越做不到，她就越生气；越生气，她就越给自己制订严苛的计划，逼着自己去完成。结果，不切实际的目标总是屡屡碰壁，然后处在"我管不了自己"的失控里，越来越痛苦。

要知道，自律的形成不是源于惊天动地的大事，而是积少成多的小事。如果我们抱着一个完美计划，却没有一个简单、可操作的开始和过程，就很容易达不成目标，随着频次增多，就会进入"我又没做到"的失控里。慢慢地，我们就开始自我怀疑，然后自我否定，最后，把自己定义为一个"不自律的人"。

所以，不自律的背后，都有失控的影子。

自律的核心

心理学家米歇尔和卡尼曼都表示，我们大脑的思考和决策是双系统运行的，一个是冲动任性的热系统，它受潜意识影响，一旦热系统启动，我们就会在乎眼前的享受，毫无理智可言。另一个系统是冷系统，它会权衡利弊得失，会对热系统的决定进行核察。

风靡全球的棉花糖实验的本质就是自控力检验，面对棉花糖的诱惑，孩子们需要做出决策，是享受眼前的棉花糖，还是坚持一段时间后获得加倍的棉花糖。事实证明，那些可以坚持到最后的孩子，无论是个人成就还是物质财富，都要高于立刻吃掉棉花糖的孩子。

日本有一个叫阿笑的女孩，她是一个普通的上班族，没有殷实的家底。18岁时，她对自己说："我要买楼，而且34岁前就要买下三栋楼，然后退休。"于是，她开始拼命省钱，一天的伙食只有9元人民币，早上一片面包，中午一条三文鱼，晚上一包乌冬面，食材只要打折的，衣服穿亲朋好友手里淘来的，花1分钱都要记在账本上，她规划着手里进进出出的每分钱。

惊讶之余，网友众说纷纭，有人说："人生要学会享受，不要对自己这么狠！"有人说："谁知道明天和意外哪个先来，要学会享受人生。"还有人说："人生就是需要清晰的规划。"哪一种说法都无关好坏或对错，问题的关键也不在于省不省钱，买不买房，而在于你知不知道自己想要什么，愿不愿意为了想要的东西去坚持，这考验的是你对于现在和将来的平衡。

自律只是一个行为，是实现内心欲望的工具，它的价值在于背后的掌控感、安全感和幸福感。

冷热系统的抗衡之下，是我们体验的较量，享受当下会给我们一份美好的体验，会被身体牢牢记住，所以，吃过糖的孩子更难控制住不吃糖，因为那份甜的感觉太真实。自律就是不断产生一种因为这种付出而收获更多的体验，来取代当时的积极体验，然后大脑重新记住这份体验，再次面对考验时，才能做出自律的行为。

自律的人，心想事成

都说自律很苦，其实体验过自律的人都不这么说，许多读者是这样说的：

"因为自律，我攒了三年工资，付了第一套房的首付款。"

"我坚持健身十年，从一个产后肥胖妈妈到现在的健美健身专业运动员，只为遇见更好的自己。"

"生完二胎，我130多斤，现在106斤，沉迷自我管理的乐趣，我要为马甲线加油。"

"一年时间，我从200斤减到137斤，我变得更加自信，遇到任何困难，我都觉得我能行。"

我更喜欢自律的另外一个名字——心想事成。

从意识层面讲，因为犯错，所以后悔，但从潜意识层面讲，因为后悔，人才会去犯错。所以，聪明的自律是给自己种下一颗美好的种子，并让潜意识从中获得好的体验，最后心想事成。

关于聪明的自律，你可以参考这两点建议：

第一，转换认知。自律的焦点是解决具体的事情，而不是逼迫自己。

以目标为导向的自律，是清楚自己要什么，然后就去做，是享受其中的，也是沉迷的。而像小刘，她以管理自己为导向，逼迫自己成为自律的样子，所以各种反复和难受。当我们没有达成目标时，需要检查想做的事情和自己的方法，而不是忙着去定义自己是自律还是懒惰。要学会放过自己，把自律当成一种应对策略，而不是特质。

第二，合理规划。从小事开始，把自己喜欢和感兴趣的内容也列入规划中。

比起一开始就制订完美又严苛的计划，不如从容易完成的、难度不高的小事着手，一步步培养自律的习惯。潜意识很直接，它喜欢美好，否则它就出来搞破坏，所以，规划不能太死板。作家村上春树曾说，他不把写作当成唯一的事情，规划里一定有跑步、交友等娱乐和放松性的东西，这样能让自己保持舒服的节奏，带着愉悦去创作。

　　无论如何，你都要告诉自己，自律不是把你逼到死角，而是帮你解决眼下的事情，在愉悦中达到心想事成。

无惧岁月，
活出幸福人生

我最近看了一个视频，年过七旬的奶奶一个人旅行，与年轻人拼车拼房，我不禁感叹：女人的人生第三阶段，这样活才够味嘛！

除了一头银发，完全看不出这个满面春风、脚步轻盈的女人已经73岁了。她是一位退休教师，讲起旅行趣事，她兴奋地说："'撒狗粮'这些新鲜事，就是接触这些年轻孩子后才知道的。"

不难想象，在路过的地方，老少之间，你向我传递我不曾见过的岁月，我为你讲述时下的精彩与斑驳。

这样的碰撞，不正是岁月静好的高配吗？

保监会于2017年1月1日启用的最新生命表显示，男性的平均寿命是79.5岁，女性的平均寿命是84.6岁。按照现行的退休年龄规定看，女性最晚55岁退休，也就是说，女性的人生第三阶段竟然高达30年甚至更久。

想想看，在校学习大约20年，工作30年左右，退休后还有30年甚至更久的自由时间，如此宝贵的时间，怎能轻易放过？

寿命延长本是好事，但是很多女人却为此焦虑，时常感叹"哎哟，那就老了，不行了""年纪大了，还折腾啥呀"。

当然，行或不行，除了你自己，谁说了也不算。退休也只是一种生活方式的结束，而崭新的生活就在眼前等你开启。

生命一场，猎奇一生

生命的精彩离不开一个又一个好奇，七旬奶奶说："和年轻人一起，可以听到很多新鲜事。"所以她每天都很开心。

发展心理学表明，增加人际交往会减轻老年人的不安感。其中，毕生发展观认为，可以采取某些干预措施来改善老年人的心理状态，甚至延缓心理衰退。而猎奇就是一种主动性探索，心理学家佩克认为，积极参加新活动，培养新的兴趣，以及对他人生活贡献的新鲜感可以提升人生第三阶段的幸福感，克服心理社会危机。

心理学家埃伦·兰格曾做过一个实验，把敬老院的老人按照年龄、健康状况等因素分成同质性刚好的两组，即两组的各项影响因素都基本均等。

A组老人由养老院护工贴心照顾，而B组老人必须自己吃饭，自己梳洗，还要照顾病房里的绿植。

三周后，兰格发现，B组老人在行为指标、自我报告、护理人员报告方面，都要优于 A 组老人。也就是说，B 组老人的健康水平和幸福指数都更高。

事实证明，保持一定的猎奇心，主动去探索，在一定程度上是可以延缓心理衰老的。

回头看不难发现，我们就是在探索中一路走来的。因为猎奇，我们认识了不同的人，做了很多有趣的事，人生才丰富多彩。所以，人生一场，很多东西都可以放下，但是猎奇心一定要带上。

拓宽生命的广度

价值是生命存在的意义，人生的第三阶段更是如此。突然停止工作，心里难免空落落的，价值感也会降低。但我们也不能忽视，这个阶段我们有更多的自由去做想做的事，可能是重新投入年少时不得已放下的爱好，可能是去见多年未见的老友，可能是去心里一直向往的某个地方。

珍妮·古道尔就是一个无限拓宽生命广度的人。她是一位动物学家，年轻时，为了研究黑猩猩，她走访众多地区，甚至还与黑猩猩同住。一般情况下，这样的工作随着老年的到来就会停止。但她80岁还一直在旅行，为公益、为动物保护而奔波，她变换着形式做热爱的事。在节目《聪明女人》里，她说道："尽管环境不断遭到破坏，我仍然对地球上的所有生物抱着强烈的希望。"

生命就是这样，你越是不屈服，它越是给你锦上添花。

教育家玛雅·安吉罗在被问到"生活带给你什么感受"时回答："旅程，如果不在旅程中，我就没有活着。"

她有着极为不幸的过去，可在2013年，85岁的她出版了第七本自传《妈妈和我和妈妈》。

在人生的第三阶段，比年龄更残酷的是价值感。有人不停地讲述着过往的不幸，可是与无力改变的过去相比，更重要的是眼前这个还有机会创造和改变的世界。积淀是岁月馈赠给每一个人的价值，不偏不倚。

有的人老了以后开始静下心来搞创作，有的人去做公益，有的人约上老友或者老伴去体验年轻人的生活，也有的人选择创业……这个时代就是如此包容，奖赏每一个敢于尝试的人。

心理学家阿德勒曾说，个体的价值标准有两个：一个是行为标准；一个是存在标准。[1]可能体力不再如从前，但是存在的价值永远都在。

其实，你的存在就是很多人的幸事。当然，只要你肯，你也可以拥有更精彩的人生。

不一样的老年

美国芝加哥大学对来自80个国家的200万人进行了为期30年

---

[1]　岸见一郎、古贺史健，《被讨厌的勇气》。

的联合调研。调研发现，人一生的幸福感呈"U"型趋势，年轻人的异想天开和老年人的自由支配使得这两个群体的幸福指数最高。

老年如同少年，越任性越幸福。

我有个朋友，她家里还有个哥哥，父母退休后，卖掉了老家的房子，在云南重新买房。老两口一直在路上，已经走完大半个中国，有喜欢的地方就会住几个月甚至半年。每每父亲用摄影换来酬劳，都会请母亲吃一顿并发照片给孩子们，那种快乐，就像小孩儿。

她和哥哥并没有因为父母不帮忙带孩子而生气，反而每每收到父母寄来的贺卡和特产，内心都无比骄傲。连她的孩子都说"好想和姥姥、姥爷一样"。这就是人生的神奇之处，越是活出自己，越是被敬仰和尊重。

那个七旬奶奶说："年轻时旅游，更多的是留下印象；年老时旅游，更多的是感悟。"

曾经刷遍朋友圈的摩西奶奶，七十几岁才拾起画笔，80岁举办个人画展，正如她所说："人生永远没有太晚的开始。"

打破常规的人生路径真的很难，但那种感觉很好。

诗人刘禹锡曾说："莫道桑榆晚，为霞尚满天。"这个时代对于年龄的限制越来越少，好的人生态度弥足珍贵。

愿我们在尽头回望时可说：岁月不饶人，我又何曾轻饶过岁月。

那么，回到我们最初的问题，你的人生第三阶段要怎么过呢？

是什么阻碍了你的幸福

幸福究竟是什么？

积极心理学之父赛利格曼说："幸福是一种虚构的概念，包含着所有人们在追求的东西。"[1]

清华大学的积极心理学教授彭凯平说："幸福就是有意义的快乐。"[2]

从科学的角度看，幸福是一种情绪体验，感受到幸福时，你会开心地笑，会对身边的人充满善意，会觉得人生很值得。

关于幸福，本－沙哈尔教授这样说过："追求幸福的过程中，你最大的障碍是内心，就是那种觉得自己配不上幸福的错觉。"[3]

各个流派的心理学者不仅发现幸福很重要，也发现，容忍幸福

---

[1] 赛利格曼，《持续的幸福》。

[2] 彭凯平、闫伟，《活出心花怒放的人生》。

[3] 泰勒·本－沙哈尔，《幸福的方法》。

比追求幸福更困难。

我知道这句话会刺痛你，但这是事实。

不少人会觉得幸福就是有很多钱，有很多自由自在的时间，也有人觉得幸福就是得到想要的房子、车子，或者和最爱的人生活在一起。但事实却是另一番样子，我们会在自由自在的时间里迷茫，会在欢笑和拥有过后陷入空虚，会在亲密的相处里感到前所未有的孤独。

面对这样的心口不一，心理学会给出怎样的回答呢？

幸福焦虑症

生活的悲剧就在于，当我们要在"正确"和拥有幸福两者间做出选择时，人们往往选择"正确"的道路，而不是实实在在的幸福。

来访者丽丽，名校毕业，就职于外企，和相恋十年的大学同学刚刚结婚，但她跟我哭诉："我很绝望，我感觉不到任何的幸福。"

细聊才知道，她的老公和婆婆都非常爱她，但她的解释是："他们是对我很好，但什么东西能熬过时间啊！"

说到她的人际关系，她说自己有两个非常要好的朋友，虽然不在同一个城市，但会陪她通宵聊天，其中一个朋友还特意跑到她的城市为她庆生。我说："哇，好羡慕你有这么铁的朋友啊！"她说："但是，老师，她们为什么会对我这么好呢？"

一番对话之后，我准确接收到了她投射给我的绝望，就是那种任凭生活多么美好，都一定视而不见的固执。

不难看出，幸福就是她的甜蜜负担，她期待着、享受着，但也惶恐着、压抑着。其实，这就是"幸福焦虑症"。

说得直白点儿，就是不相信自己过得好。当别人对自己不好时，就讨好、争取，但一旦别人对自己好，就开始担心、怀疑和退缩，然后把眼前的幸福拱手相让，再退回到角落里独自疗伤。

而且，一旦有了"幸福焦虑症"，人就会变得很"作"。我认识一个女孩，老公就像宠孩子一样宠着她，因为她不想要孩子，结婚三年以来，老公也一直坚持不要，还给她做饭，带她出去旅游。总之，如果不是亲眼所见，我大概也不太会相信这样的幸福。

但童话般的开始却迎来狼狈的收场，她有次和闺密聚会，几杯酒下肚，闺密略带调侃地说："人长得不怎么样，工作不怎么样，家境也不怎么样，你老公图什么呢？"一句酒后玩笑话，成了女生的求证题。

接下来的日子，她变着花样问老公为什么喜欢自己？老公说她漂亮、善良，她说这是浮夸的谎言；老公说她乐观、积极，她说这是官方话。最后，她得出了一个结论："其实你没那么爱我，只是你自己不知道。"

想想看，是每天的早餐不香，还是每次的旅游不爽？但这些真真实实的幸福都被她抛到脑后。不被信任的老公摔门而去，留下一句话："是，我眼瞎才找了你！"之后他们大吵了一顿，双方父母出面调解后才消停。

一定有人说是闺密太多嘴，打扰别人幸福。但我想说的是，能被打扰的幸福大都不是纯粹的幸福。

最根本的原因是幸福焦虑症在作怪，"我不配""我不能"的标签让人对幸福的生活既向往又恐惧，好好的生活却要折腾得鸡飞狗跳。

幸福焦虑与饥不择食

有"幸福焦虑症"的人非常渴望亲近，渴望被认可和接纳，但在幸福面前，她们是极其卑微的。

我的同学笑笑，长相高挑，能力也非常强，但她一直是感情至上主义者。

她有过两份不错的工作，领导都很器重她。第一份工作中，领导安排她去海外出差，签证、护照全部准备完毕了，她却突然跟领导说去不了，因为分手了。

当然，她很快就辞掉了这份工作。半年后，她入职了第二家公司。用她的话说是重生，要拼命工作，彻底告别前男友。在工作的第六个月，她的业绩成为公司的第一名，破格升为主管。

但好景不长，她又跟前男友复合了，谈了三个月，她又一次为爱奔走，坚决辞职，原因是跟男生回老家。发小提醒她前男友不可交，结果被她拉黑。

最后，她放弃工作，瞒着家人跟着男生回了老家。

你可能会疑惑，这个男生怎么这么有魅力呢？其实，这个男生个子很矮，胡子拉碴，不善言谈，从来没有过正儿八经的工作，如果硬要找优点，大概就是家境还行吧。

但笑笑并不是贪图他的家庭条件，而是因为极度缺爱。

在她半岁时，父母离婚，妈妈出走。直到小学时，她才真正见到妈妈。后来，爸妈复婚，而她一直跟着爷爷奶奶生活。

这样的情感匮乏，让她进入饥不择食的状态，对方对她稍微好一点儿，她就拼命往上靠。林文采老师在课上说过这样一句话："当一个人极度匮乏时，垃圾也会吃。"深以为然。

为了更好地理解，我想问你一个问题：假如你在沙漠中走了三天，没有吃任何东西，你很清楚自己的身体已经到了极限，就在这个时候，眼前出现了一瓶水，没有瓶盖，请问你会喝吗？

问题升级，假如你已经没有力气，而沙漠无边无际，你的眼前出现了一瓶水，水上却贴着一个"水有毒"的标签，请问你会喝吗？

我想你喝的概率很大。你或许会觉得这样的问题太无厘头，但生活中，类似的问题比比皆是。

真的会有人仅仅因为对方给自己剥虾，就要和他结婚，因为他很细心。也会有人因为耐不住亲朋好友的催促，匆匆忙忙地结婚，最终焦灼地离婚。

当然也有人像笑笑这样在爱面前极度卑微。这是因为饥，所以不择食，哪怕食物有毒。

幸福焦虑症的背后

幸福是一种能力，如果没有这种能力，就算幸运来临，你也会紧闭双眼，去选择最糟糕的选项。

在说"幸福的能力"这个话题前，我想再说说来访者丽丽幸福焦虑背后的故事。

她的妈妈是个极其严苛、要强、霸道的人。

她6岁时，刚出幼儿园校门的她，开心地啃着苹果，蹦啊跳啊往家走，看见妈妈冲她跑了过来，她兴奋地喊着："妈妈！"但话音未落，妈妈就夺过苹果扔到花坛中，对她恶狠狠地说："跟你爸一样，饿死鬼投胎吗？能不能长点儿出息。"

你能够想象到6岁的她经历了什么吗？有兴奋到害怕的落差，有失望、紧张、委屈，还有羞愧。可以说，一个6岁的孩子，心理状态由此被定格了。

她学着严格要求自己，达成妈妈所说的"站有站相，坐有坐相"。她总是拼命付出，但很少寻求帮助，所以她没有几个朋友。

这就不难理解，当朋友关心她时，她为什么会局促不安了。工作中的她也是如此，每当自己要表现时，就会听到妈妈的声音："你别做梦了！"比如公司开会，她想到一个好点子，但就在开口的瞬间，她退缩了，因为想起了妈妈的声音。

就这样，带着这股怀疑和嘲讽，丽丽不断地"做梦—梦碎—再做梦"。

"你不能"和"你不配"刻在了她的身上，成为所谓的命运，妈妈的评价成了她心中的"正确"和"真相"。她为了这个"真相"，回避着所有的好。

其实，生活中像丽丽一样的人很多，我们会在离幸福最近的地方频繁出问题，因为一个人自我毁灭的基本模式是，当我们"知道"将有不幸的命运，我们就不能允许现实的幸福出现。

这就是幸福焦虑背后的创伤。所以对我们而言，最重要的不是拥有追逐幸福的能力，而是拥有容忍幸福的能力，而这一切需要我们拥有"心理资本"。

心理资本打造持久幸福

要理解心理资本，我们可以用银行举例。平时，我们会努力挣钱、存钱，只有这样，在需要用钱时，我们才能游刃有余，接近富足的生活。同样，在人生历程中，我们也需要心理银行，我们要不断积累心理资本，只有这样，在面对种种问题时，我们才能心有余裕，接近幸福。

"心理资本"一词来源于积极心理学和组织行为学，心理学界普遍以心理学家路桑斯、约瑟夫－摩根和阿沃利奥在2007年提出的定义为准，即心理资本是个体成长和发展过程中表现出来的一种积极的心理状态，包含自信、乐观、希望和韧性四个维度，具体表现为：

第一，在面对充满挑战性的工作时有信心，并能付出努力以获得成功（自信）。

第二，对现在和未来的成功有积极的归因（乐观）。

第三，对目标锲而不舍，为取得成功在必要时能调整实现目标的途径（希望）。

第四，身处逆境或被问题困扰时，能够持之以恒，迅速复原并超越逆境以取得成功（韧性）。

说到心理资本，就不得不提人力资本和社会资本。人力资本就是技能、经验等，关注你拥有什么；社会资本泛指社会关系，关注你能得到什么样的社会支持；而心理资本关注的是你是什么样的人，你相信自己能够做什么，你能成为什么样的人（现实自我），以及你打算成为什么样的人（可能自我）。

心理学家路桑斯、阿沃利奥、沃伦巴伏等人曾以422名中国员工为样本进行研究，他们发现，员工的心理资本显著影响着他们的绩效工资，国内研究也纷纷证明了心理资本在主观幸福感、职业倦怠等方方面面发挥着不可替代的作用。

心理资本到底是如何发挥作用的？心理学家路桑斯曾研究出了心理资本的干预模型（见图1）。

由图可见，心理资本不是固定资产，是可以主动提升的，它影响我们的生活、工作和关系质量。国内研究也证明，个体的心理资本水平是可以通过干预手段提升的，且效果显著。所以，你我都有机会过自己想要的生活。

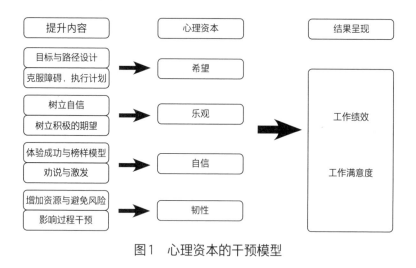

图1　心理资本的干预模型

（注：提升内容不仅仅包含工作绩效和工作满意度，主观幸福感、职业倦怠、学业成绩等方面均被证实与之显著相关。）

　　那怎样才能知道自己的心理资本水平呢？心理学家路桑斯和约瑟夫–摩根等人曾编制了心理资本问卷，包含自信、乐观、希望和韧性四个维度，该问卷在国内外被广泛使用。在本书中，我将附上该心理问卷，请在附录中查看使用。

　　目前，你知道了心理资本是什么，也知道了如何测试自己的心理资本水平，在接下来的内容里，我们就从这四个主题出发，一起去探索和整合，做一个全新的自己，过心想事成的人生。

　　积极心理学领域有这样一句话：我们可以选取一个人，并让他更加快乐、充满希望、道德高尚、技艺高超并且社交丰富。

　　今天，请毫不犹豫地选取自己，让我们一起成为我们一直想要的样子。

Trust

Yourself

Part ❷

第二章

自信——敢于争取和付出

自信背后的心理学真相

　　自信，在心理学上有一个名字，叫作"自我效能感"，是由社会心理学家班杜拉提出的。所谓自信，是一个人对他能够成功应付特定情境能力的评估水平。

　　有谁不想走路带风，昂首挺胸？

　　有谁不想追求自己的目标，无所畏惧？

　　又有谁不想在灰暗的日子里，依然觉得自己光芒四射？

　　但是，在生活中，我们常常做那个在角落里默默无闻的人；我们常常在自己喜欢的人和物面前长久徘徊和被动等待；我们也常常在挫败和打击面前一蹶不振，觉得自己一无是处、一事无成。

　　我们也常常看到，那个什么都很好的人唯唯诺诺不敢上前，而那个并不突出的人却在人际交往中游刃有余。

　　为什么我们的行为模式和能力这么不一致呢？到底是什么在影响着一个人的自信？

自信的"兄弟姐妹"

很多人都有一个疑问：自信到底从哪里来？要想读懂自信，我们就要先认识一下自信的五个"兄弟姐妹"，分别是自尊、自卑、自恋、自我意识和自我价值。

先说自尊，自尊就像一个人的免疫系统，也是这些"兄弟姐妹"中的老大，如果一个人的自尊水平比较低，他的自我、自信、自我价值一定是很低的。

再说自卑，如果说自信是女孩，那自卑就是男孩，它们是两个完全相反的属性，我们常用自卑来形容一个人不自信的样子。

关于自卑，有两个需要注意的点：一个是自卑情结；一个是自卑感。

适度的自卑感对人是有推动作用的，比如一个学生有一个学习更好的同桌，他就会产生自卑感，这会推动他来提升自己，甚至想要超过同桌。但一旦自卑感太强，就有两个风险：退缩和逞强。

自卑感持续累积，就会形成自卑情结。所谓自卑情结，就是一个人在面对一个棘手的问题时，会感觉自己无能为力。

总结一下，一个有自卑感的人还是能够积极地面对自己的，但是一个有自卑情结的人在困难面前会陷入无助状态，不尝试就会投降。

接着说说自恋，自恋在心理学家阿德勒看来，就是自我优越感，它很接近自信，但我们一定要清楚，自恋不等于自信。

自恋在一定程度上是对自卑的掩饰，生活中，我们常说"一个人越晒什么，就越缺什么"，说的正是这个道理。适度自恋有益于自信的建立，比如能够客观看待自己的优缺点，能看到让自己很有成就的事情。但自恋一旦变成一种炫耀和假装，人就越来越不敢面对自己真实的样子。

心理学家弗洛伊德说："自恋是痛苦内化的另一种形式。"

我接触过一个这样的孩子，不管你说什么，他一定要说"我知道""我吃过""我跟他很熟"等等。他一定要告诉你，他比你知道得多。

有一次，我跟一个家长说起好朋友送了我一块腊肉，味道不错，这个孩子就说："老师，我也喜欢腊肉，我们家整天吃，还酸酸的。"

很显然，这个孩子并不了解腊肉。他在课堂上也有这样的表现，只要老师提问，他就会第一时间举手，一旦回答不出来，就开始大哭。其实，这个孩子内心里是不自信的，他需要表面上的强大来掩盖对"自己可能不好"的恐惧。

因此，自信虽好，但不能过头。

再来说说自我意识。所谓自我意识，是对自己身心活动的觉察，即自己对自己的认识，具体包括认识自己的生理、心理以及自己与他人关系中自己的状态。

自我意识强的人不一定很自信，但一个人如果很自信，一定会有很强的自我意识，因为自我意识会增加我们对自己的掌控感。

最后是自我价值。自我价值就像身体的能量中心，专门维持生命与宇宙能源场的连接。自我价值感高的人，自尊水平也很高；相反，一个人如果自我价值感很低，那他的自尊水平也不高。

要想提升自我价值感，就要在行动中去做事或者帮助他人，就像给车加油一样，自我价值感不断积累后，这个人的自信水平就会变高。

以上就是自信的"兄弟姐妹"，每一个角色都有自己的使命，同时又紧紧关联在一起。弄清这些概念，可以帮助我们看到自信背后的成因。

不自信的后果

生活中，不自信最常带给我们的后果有三个。

第一，强迫性重复——"我很差"。

简单来说，强迫性重复就是我们会一而再，再而三地重复同样的遭遇。心理学上有个这样的笑话，叫"格劳乔·马克斯悖论"。

格劳乔·马克斯悖希望加入一个俱乐部，学点儿东西，也多认识一些人，但找了好久都没找到，他觉得自己真的很差，没有人愿意接纳他。

在他心里一直有两种声音：一种是"如果你觉得我好，就应该主动邀请我"；另一种声音是"你连我都要，你的标准也太低了吧"。

所以你看，要他不行，不要他也不行。其实，他从一开始要找的根本不是心仪的俱乐部，而是那个能够证明"我不好，我一无是处"的俱乐部。

虽然这是个笑话，但生活中这样的人有很多，比如去跟不太可能肯定自己的人要肯定，去向不爱自己的人求证"我值不值得被爱"。其实，生活中从来不缺乏爱你、认可你、亲近你的人，只是你很少让自己看到他们。

第二，低价值感——"我不好""我不配"。

所谓价值感，就是一个人对自我形象、成就及他人是否喜欢自己的评价。

低价值感的人往往会在人际关系中呈现讨好的相处模式，而且任何会让自己感到舒服、愉快、享受的东西，都会觉得受之有愧，有一种"我不配得到别人的爱，我的目标不会实现"的心魔。

在我的课程里，有个学员很优秀，长相不错，工作也很好，还在北京买了一套小房子。

但她总觉得身边的人嫉妒她，有的是领导，有的是同事。此外，她和大姐的关系一直很差。在她看来，大姐总是想要联合二姐攻击她，在爸妈面前贬低她，甚至用各种各样的方法诅咒她。她甚至认为离婚和孩子的升学问题都是大姐的诅咒造成的。

这听起来有点儿像被害妄想症的表现，不过也没那么严重，但她最大的心魔是"不配得感"。

不配得感是指可以付出，却没法儿坦然地接受别人对他好，甚至别人对他的友善会给他造成压力，让他的内心充满焦虑。

我问她大家在诅咒什么？她说大姐嫉妒她的学历、长相、身高和聪明的儿子，同事嫉妒领导对她爱护有加。当我让她说说爸妈时，她哭着跟我重复："我爸妈就是爱我，非常非常爱我，是真心的。"

所以，她在生活中不断地找到好的那一面，比如长相、身高、儿子的聪明、领导的爱护，同样，她也一定要找到所谓嫉妒和诅咒她的人。

其实，她说不出来任何具体的被欺负的经历，只是"我不配"这个念头一直让她无法坦然地享受生活中美好的一切，只有制造一个被大姐和同事诅咒的念头，她才有"我配"的理由。

当然，低价值感在生活中的体现非常多，比如给老公、孩子或者父母买很昂贵的东西，但不舍得给自己买；每当得到一个好东西，总要出些问题。

说到这里，我想到了另一个学员，每发一次工资就要生一次病。毫无疑问，这也是低价值感在作怪，借用外界攻击或者自己的情绪波动来实现内外平衡，来获得可以拥有的资格。而这终究不是自信的状态。

第三，低情绪安全感，一触即发。

情绪安全感理论由美国心理学家戴维斯与卡明斯提出，是指个体的情绪调节、活动趋向以及对自身威胁的评估，而它源于早期的家庭经历。

简单来说，低情绪安全感会有两个方面的突出表现。

表现一是敏感多疑，会因为很小的事情陷入负面情绪中，而且难以释怀。

比如这样一对夫妻，妻子兴高采烈地准备晚餐，而丈夫回来时，脸色不好看，关门的声音也有点儿大。妻子问他："怎么了？"丈夫回应道："没事。"然后独自进了卧室。

妻子想来想去，一定是因为自己借钱给弟弟，老公生气了，她忍了忍，还是冲进卧室呵斥道："大热天，我辛辛苦苦做饭，你摆个臭脸给谁看？"

丈夫无奈回复："你赶紧出去吧，没你啥事。"妻子还是不依不饶地说："明天我就给你要回来，你少给我摆臭脸。"

可想而知，夫妻俩大吵一架，而吵架原因根本不是因为借给弟弟钱，只是老公的客户被同事抢走了。

生活中，拥有这样低情绪安全感的人有很多，他们会把生活中发生的任何事情都与自己联系在一起，然后用愤怒、指责、抱怨的方式发泄出来，也就是我们常说的"一点就燃"。

这是情绪安全感不足的外倾型表现，还有一种表现是内倾型，也是最难察觉和改变的。

表现二是带上社交面具，佯装坚强，以笑和"都行"示人。

这种人不是没有感受，而是不允许自己有感受，更不允许自己有脆弱的一面，因为那意味着"我会被抛弃""我不被爱""我不受欢迎"。

曾经有一个同事，她最常说的话是"都行啊""嗯，好的"，说实话，我一点儿都不愿意和她合作，虽然她反馈给我的都是赞美和温和，但我们无法共频讨论事情。

她真的什么都不在乎吗？当然不是，她只是害怕冲突而选择隐藏自我。

总结一下，低情绪安全感带来的不自信，要么攻击别人，要么伤害自己。说到伤害自己，就要说说"假性社交"了。杜克大学曾做过这样一个实验，那些患有心脑血管疾病的人大多是一些很容易愤怒的人，但让人意外的是，那些假装微笑的人和愤怒的人同样患有心脑血管疾病。

所以，不要欺骗你的身体，它会惩罚你的。

不得不说，自信不是积极活泼那么简单，不自信会带来低价值感、低情绪安全感等问题，而且长期不自信会伤害自尊。

在接下来的内容里，让我们一起走进自信，从多个方面了解自信，找到适合自己的自信提升法吧！

每个人都曾和自卑交过手

什么样的人会自卑？

学历不高？工作不好？其实都不是，自卑是我们追逐目标的路上必须面对的一个挑战。

总有那么一个阶段，你看别人满是成就，看自己却一无是处，常常陷入深深的自卑中，否定自己的一切，怀疑自己可能真的就浑浑噩噩地过一生。

这或许出现在工作初期，或是失恋时，又或许是孤注一掷地创业时。总之，人这一生，总会不止一次地陷入自卑。

其实，自卑就像偶尔的坏脾气，谁都难以避免，但它远没有我们想的那么恐怖。

不论什么职业，什么年龄，一个有追求的人难免都曾和自卑交过手。

关于自卑，大概没有谁比心理学家阿德勒更熟悉。阿德勒从小驼背，成绩不好，3岁时弟弟去世，而自己就在身边。他遭遇过两次车祸，5岁时曾因肺炎差点儿送命。

命运一次次把他推到湍急的河流里，但他却逆流而上，成为一名心理学大师。毫不夸张地说，他本人就是战胜自卑、逆袭成功的人生典范。

他说："我们每个人都有不同程度的自卑感，因为我们都想让自己更优秀，让自己过更好的生活。"[1]

自卑是人的主动选择

自卑是人的主动选择，并非被动接受。它的背后是不甘心，是恐惧，是不够多的掌控感。

常常有人感叹："我自卑是因为我学历不高。"也有人将自卑归因为家境和长相不够好。但他们却忘了，有些人拥有同样甚至更差的条件，但却自信满满。所以，自卑从来不是客观条件的自然产物，也不是谁给予我们的，而是我们主动作比较的结果。

有"漫威之父"之称的斯坦·李是一位颇受敬重的老人家，他创造了很多超级英雄，给全世界的人带去了欢乐。

但早年从事漫画事业的他是自卑的，看到身边的人要么从医治病救人，要么建设高楼大厦。总之，每个人都有看得见的成就，而自己只是个漫画书作者，他因此觉得不如别人。

---

[1] 阿德勒，《自卑与超越》。

比较就会这样，是一种不对等的状态，会放大别人的优势来和自己的劣势比，然后证明自己一无是处。

斯坦·李的事业开始起色，是从意识到漫画价值开始的，他意识到除了高楼大厦及医务工作，娱乐也是大家需要的东西。正因为这样，他真正带着一份敬意来创作每一幅画，才让我们看到了一个优秀的漫画家斯坦·李。

仔细想想，他明明自始至终都是个漫画作者，为什么会从自卑走向自信呢？

刚开始的自卑，是因为他跟身边人比，他以大众标准里的成就来看待自己做的事，他觉得自己挣得不多，又不能像别人一样修建出实实在在的建筑物，所以，他觉得自己不好。

后来，他看到很多人在他的画里感受到了轻松和快乐，他才慢慢意识到自己的画作是有娱乐价值的，是一座房子所不能产生的那种会心一笑，这才真正沉下心来去创作。

可见，自卑是一种自我的主动选择，即便面对同样的东西，也会有不同的感受。那是因为比较会让人不甘于眼前的样子，而又不能完全掌控未来。但只有当我们承认自卑是自己强加给自己的时候，我们才有可能克服它。

自卑无关拥有

在关于阿德勒学派的心理学著作《接受不完美的勇气》中，有这样一句话："不是因为你不好而有自卑感。而是无论看起来多么优秀的人，多少都会感到自卑。"

我们通常认为拥有很少的人会自卑，但其实拥有很多的人更容易自卑。因为，人拥有的越多，一方面想要的就更多，另一方面也面临着取舍。

娜塔莉·波特曼是一位优秀的演员。她精通六国语言，十几岁就开始演戏，并且凭借《这个杀手不太冷》中的角色名声大噪。学业方面，她也是十足的学霸，高中毕业时，同时收到哈佛大学和耶鲁大学的录取通知书，她最终进入哈佛大学，攻读心理学专业。

这样的她是多少人想都不敢想的人生，但进入哈佛大学的她却陷入了自卑。她担心别人认为她能进哈佛大学是因为自身的名气，慢慢地，她开始觉得自己的确配不上哈佛大学。

每次和人交流，不管对方说什么，她都试图做一件事，那就是证明自己不是一个差劲儿的女演员。而越是证明，她就越是陷入自卑的旋涡里，慢慢地，她开始跟别人疏远。你看，拥有的东西反而成了一种包袱。

生活中也是这样，我们往往掉进"我可能没有那么好"或者"我害怕我不是真的这么好"的陷阱里，会努力去证明些什么。其实，这些担心都只是我们内心创造出来的剧情，真正在意的人是你，而不是别人。

自卑与自我价值

自卑的根源是自我价值感低的表现。

所以，要想克服自卑，就要找到那份价值感，然后创造机会获取成功。

就像斯坦·李，因为与其他人比较时，自己的工作没有实体价值的产生，所以自卑。但当他意识到自己可以给人带去欢乐时，他就拥有了价值感，而事业也开始慢慢变好。

娜塔莉·波特曼也一样，考入哈佛大学与她的演员身份毫无关系，但她却害怕别人这么想，这不过是她自己创造的故事。那是因为她很在意演员这个身份，这是她真正喜欢和热爱的事业。

很庆幸，他们都没有被自卑感打倒，而是选择忠于自己的内心，我们才看到了一个优秀的漫画家和一个优秀的演员。

克服自卑没有捷径，只有冲破自己的心魔而已，当你可以坦然面对自己内心的真实感受，并能为你的目标去努力时，自卑才会变成一种力量。

如何冲破自卑的心魔呢？那就是找到自我价值。你可以试着这样做。

首先，调整目标，让它略高于实际水平，确定通过努力可以达成。很多时候，自卑是因为给自己设置了一个不切实际的目标，然后在执行过程中出现挫败，就会怀疑自己的能力。

其次，设立一定的时间限制，弹性坚持梦想。比如你想做一件事情，但身边的人都很反对，就连你自己也有些怀疑，但又深知这是一件不干就会后悔的事情，那我支持你去做，但记得给自己设立一个时间限制，比如没有做到什么水平就要考虑B选项等，这会让我们放下包袱，放手一搏。

最后，也是最重要的，是找到利他的地方。当我们做的事情可以带给别人帮助时，我们才会认为这是自己的优势，才能将优势变成我们的核心竞争力。所谓自卑，不过就是抱着自己的劣势不放。心理学家塞利格曼曾说，如果陷入抑郁，就去帮助他人，因为那份利他的价值感会让人充满自信。

只要我们清晰而客观地知道自己的优势和劣势，并设置适合的目标去坚持，就能走出自卑。

阿德勒说："怀有自卑感，不代表自己心态不健全，而是要看自己如何看待自卑感。"[①]

说到底，一个没有任何上进心的人只会自负或者自暴自弃，而自卑是心底想要改变和现实有些障碍的冲突。

幸运的是，自卑是自己选择创造的，所以它是可以战胜的，我们可以找到最真实的自己后，去做一个内心有弹性的人。

自卑就像影子，而你是那个站立的人，消长的只是影子，而你永远都是不增不减的你自己。

---

① 小仓广，《接受不完美的勇气》。

怕让别人失望，
就会让自己失望

前段时间，我和一个朋友约着吃饭，她一边开车，一边单手发信息，奇怪的是，电话那边一直在发语音。

我提醒她："等停车再发吧！"

她说："不行不行，挺着急的。"

我问："那你打个电话或者发语音不是更方便？"

她说："不合适。"

就这样，她发了一路，就连吃饭时也是心不在焉的样子，细聊才知道，这是老板推荐给她的客户。

那你猜猜看，她为什么这么着急？又是为什么不发语音呢？

你可能猜不到，她倒不是怕失去这个客户，而是怕给客户留下不好的印象，导致老板对自己失望。而不打电话或不发语音是因为，她觉得自己说话带着很重的乡音。

听到这里，我真是哭笑不得。

她33岁，是一家日企的中层，长相漂亮，学历很好，能力又很强，竟然会因为怕别人失望而不敢发语音。

那一刻，我很心疼她，并不是因为好朋友的身份，而是我不敢去想究竟对自己有多严格的要求，才会把自己看得如此卑微？

不得不说，我们是很擅长给自己下咒语的，"怕别人失望"就是其中之一。

别让优秀成为负担

怕让人失望背后有个前提，是觉得自己不够好，对方最重要。一个人一旦有了怕让人失望的念头，优秀一定会变成负担。面对自己糟糕的一面，他会觉得"就是这样"，而自己好的那一面，他会努力去证明"这并不好"。

这听起来很矛盾，怕让人失望不是应该会做得更好吗？怎么会让自己更有负担呢？

求助者小刘的案例可以解释这个矛盾，他在很长一段时间里睡眠质量都很差，每天靠喝酒才能迷迷糊糊地睡去。

你知道他遇到了什么吗？应该不少人会觉得他经历了糟糕的事情，但事实恰恰相反，他刚刚升职。

他连续5个月蝉联销售冠军，破格从一个普通的销售人员升为销售经理。

到了新岗位，本应欣喜若狂的他却胆战心惊，不敢给同事开会，逃避和领导沟通，不愿意接待客户。在他看来，他一没高学历，二没人脉，老板可能高估了他。

小刘来自一个偏僻的山村，家境不好，学历也不高，虽然在大城市闯荡多年，但并没有什么可以背书的大事迹。他重复最多的一句话就是："其实我没有他们想得那么优秀。"

真的是他的能力有问题吗？其实，是他的心理负担太重，因为背着"怕让人失望"的念头，所以他只看得到自己的劣势，就算有优势，他也要极力掩饰。

虽然起点不高，但一个30岁的小伙子凭借自己的能力娶妻生子，买车买房，又受人重用，这一切绝不是侥幸所能获得的，可恰恰是这份优秀成了他心里最大的负担，他内心的声音是："万一有一天不像你想得那么好，你就会抛弃我。"带着这样的恐惧，他每天都在做一件事，那就是向所有人证明："你看，我其实没有那么好。"

因为只有这样，内心的恐惧才会消失，但取而代之的是绝望，所以也就不难理解，小刘会在职位提升后做得越来越差，甚至和别人产生冲突了。从意识和潜意识来说，他一直在听信内心那个"我不好"的声音，然后，让自己真的变成那样。

这就是心理上的画地为牢，他们带着怕别人失望的念头，只在乎别人的看法，不敢表达真实的自己，就像在阴暗里生活一样，无论外面的阳光多么灿烂，内心都是一片阴霾。

可见，"怕让人失望"就是一个咒语，让自己一点点地变成别人会失望的样子。

别让自己失望

每一个怕让人失望的人，都活成了让自己失望的人。

我想说说朋友小苏的经历。小苏的家境非常好，在她26岁时，爸爸的同学给她介绍了一个博士生男友，虽然男生家境不好，但年纪轻轻就已经是名校的副教授了。

家人一致认为男生很靠谱儿，就催着小苏把婚事定了，其实，她有些犹豫，男生很敏感多疑，而且非常霸道。但当她说出这些担心时，家人都安慰她说，每个人都有自己的脾气，只要踏实上进就好。

半推半就中，小苏和他结了婚。婚后，这个男人原形毕露，一个劲儿地怂恿小苏跟家里要钱，一会儿买车，一会儿装修。后来，小苏的爸爸生病住院，他从不靠近半步，说病毒太强，却不忘记提醒小苏，赶紧让爸爸买下看好的房子，爸爸经常问起男生，小苏只好骗爸爸男生很忙。

在男生的恐吓和冷暴力下，小苏在半年后跟他提出了离婚。五十多岁的爸爸在病床上哭成泪人，他心疼自己的女儿，也后悔自己当时的劝说。

最后，小苏的爸爸带着遗憾离开了人世，还好经历挫败的小苏，后来遇见了现在的老公，生活得很幸福。

这就是因为怕让人失望而不敢坚持自己的恶果。小苏因为怕身边人失望，所以选择忽视自己的真实感受。在老公一次次出现问题时，她又怕生病的爸爸会失望，继续咬牙坚持。也正因为这样，她的爸爸对女儿满是愧疚和自责。

这的确是出于爱，但这样的善意真的是一种残忍。

生活中，因怕别人失望而让自己委曲求全的事情太多了，比如择校、择业时，很多人心里都有自己的想法，但大多数时候会听从亲朋好友的建议。可结果往往是，在自己不喜欢的学校或工作里毫无动力，和自己不喜欢的人冲突不断，甚至很多人会在问题出现时彼此埋怨。

做自己，别怕让人失望

有期待就会有失望，而爱存在得越多，失望也就越多。

你见过走空中平衡木的孩子吗？

如果你留意一下，就会发现，地面上指导他的大人越多，他就越过不去，甚至会趴在木头上大哭。

为什么？因为下面的人都不在平衡木上，他们所了解的只是技巧，而只有平衡木上的人才感受得到那份恐惧。

一个不愿意让家人失望的孩子，是愿意听从家人的意见去尝试的，结果就是这个"完美"的方法让他失去控制。

这个时候，最好的办法是什么？让孩子自己去尝试，他可以害怕，也可以试着迈一步，去找到自己认为最安全的方法通过。

因此，要想克服怕让人失望的心，你可以时刻提醒自己这三件事。

第一，失望是别人的，没有谁可以为他人的失望买单。

对别人好是每个人的主动选择，它不是交换人际关系的筹码。每当你害怕别人失望时，就告诉自己，失望是因为有期望，需要为这份失望负责的是期待的主人，而不是被期望的人。

第二，试着自己做决定，培养那份掌控感。

在同样的期待下，有的人可以随心所欲地做自己，而有的人却一直谨小慎微，因此，看到这份期望，可以在一些小事情中试着按照自己的想法去做。这样一来，可以从一点点小事中积累"我可以"的掌控感，这样慢慢就会放下那份被放大的担心和恐惧。

第三，通过"事前验尸"来减少内心的恐惧。

这个方法是由心理学家加里·克莱恩提出的。所谓"事前验尸"，就是在一件事情还没有行动前，假设它已经酿成了不好的后果，然后问问自己："我还可以怎么做？"就像因为升职而苦恼的小刘，他可以假设新工作业绩不好，问问自己原因有哪些，要如何去做出调整，这个过程会提升一个人对于不可控事物的信心。

能够降低别人期望的唯一方式是收回自我管理权。如果我们时时刻刻去照顾别人的期待，别人会期待得越来越多，自己的界限也会越来越乱。所以，只有把心放在自己身上，我们才有力量去成为内心强大的人。

自由需要有被人讨厌的勇气

如果让我推荐一本心理学的书，脱口而出的一定是《被讨厌的勇气》，书的副标题是"所谓的自由，就是被人讨厌"。这是一部关于阿德勒个体心理学的书籍，传递着一个人更多的希望。

这让我想起裴多菲的诗："生命诚可贵，爱情价更高。若为自由故，二者皆可抛。"这个时代里，似乎每个人都在追逐着自由。

上学的孩子期待着没有补习，没有爸妈的管教，然后自由地吃喝玩乐。

上班的职员期待着没有约束，没有业绩压力，四处游玩。

已婚的父母期待着有人帮忙看孩子，自己去见想见的人，去做想做的事。

有梦想的年轻人期待着不顾一切地追逐梦想，而不问结果如何。

坦白讲，孩子可以选择不顾父母，职员可以选择无视领导；已婚的父母可以选择不听另一半的唠叨，忽略其他人的目光；有梦想的年轻人可以选择做自己想做的事。可是他们都没有这样做。

他们就是我们的写照。为什么会这样？因为我们没有那份面对大家不喜欢自己的勇气。

所以，从一定程度上来讲，人生中，我们认为的所有不幸都源于各种"不敢"。

犹太人里流传着这样一句话：即便世界上只有10个人，也会有1个人极其讨厌你，2~3个人喜欢你，剩下的人事不关己，高高挂起。

你认同吗？

问问自己，你更关心哪几个人？不管你承认与否，我们更在意的一定是最挑剔我们的那个人。

我们活在认可里，活在期待里，活在挑剔里，活在别人的世界里，到头来才发现："我既不是别人喜欢的样子，也不是自己真实的样子。"然后，纠结、焦虑、愤怒、委屈等情绪如同洪流般袭来，我们只好面对一片狼藉自问："我怎么过得如此不称心如意？"于是，我们开始抱怨，开始自责，开始自卑，开始渴望心中那份说也说不清楚的自由。

其实，自由没那么难，只是需要有一点儿被讨厌的勇气。

生活中的捆绑从何而来

三年前，朋友笑笑是个4岁男孩的妈妈，作为一名优秀员工，公司想要派她到跨国分公司做项目经理，大概一年时间。

　　婆婆第一个反对，理由只有一个：我们家不差你这几个钱。老公中立，儿子不肯，娘家人各种担心。

　　她好几次找我聊天，说着说着就哭了起来，她说就快要神经衰弱了，内心极度纠结。

　　一个人之所以陷入纠结，多半是因为眼前有一件很想做的事情与现实产生了冲突。那面对内心愿望和现实情况的矛盾，要如何做出选择？

　　纠结过后，笑笑还是选择和婆婆敞开心扉，她说这是从小到大，她第一次为自己想要的东西坚持，声泪俱下地谈了一小时，很意外，婆婆最终同意了，两人一起把可能受影响的事情做了准备。

　　最终，在家人的支持下，她去了马来西亚。回国后，她辞掉工作，开始创业，第一年就挣了40多万。她说，为自己争取的经验让她对自己有了更多的信心。

　　她成了孩子眼里厉害的妈妈，婆婆眼中有想法的儿媳妇，爸妈眼里骄傲的女儿，老公对她也宠爱有加。试想，如果当时她选择妥协，事情又会怎样呢？

　　无论如何，没有什么可以捆绑我们，除了自己。其实，笑笑才是这个经历最大的受益者，她学会了为自己负责。

　　不得不说，所有的被尊重都不是因为无条件地忍让，而是你值得。虽然被人讨厌是揪心的阵痛，但被自己讨厌才是一生的遗憾。

做自己才更美好

在人际关系中，充满自信有多重要？

如果用两个成语来形容，那就是既能"沉浸其中"，又能"进退自如"。然而，很多人会在关系里患得患失，甚至一边抱怨，一边讨好。

到底怎样才能享受一段关系呢？那就是做你自己，保持你的独特性。

这就好比红、橙、黄、绿、蓝、靛、紫七种颜色，即使同在一抹彩虹中，但依然保持着各自独特的颜色。

生活中，很多人一直在朝着世俗标准努力，要做一个留长头发的女人，要能说会道，要相夫教子等，而结果往往是一肚子苦水，又迷茫，又委屈。

其实，在人际关系中，你的独特性才是你的价值。试问，如果所有人都符合这样的标准，你的伴侣为什么会偏偏爱上你呢？

心理学家弗洛姆就说过："爱是一种与人发生关联的方式，它既不是主动地吞并别人，也不是被动地屈服或与人共生结合，而是在保持自己的完整性和个性的条件下，与别人发生结合。"

所以，你的独特性不仅是对自己的保护，更是你的闪光点。

我认识这样一对夫妻，丈夫就像个老小孩，经常跟朋友外出旅行，跟儿子抢遥控器。朋友到家里做客，他总是口无遮拦地讲述和妻子的各种囧事，听的人都觉得尴尬，他却乐在其中。除此之外，他是个"生活白痴"，只要妻子不在家，他能穿着不同颜色的袜子出门。

总之，在大家眼中，这个男人很孩子气，没有担当，既不像父亲，也不像丈夫。

但他有着常人没有的本事，虽然是一个数学领域的硕士，他却热衷于画画和写作，画作获得过全市的金奖，写的小说曾被出版。

而在生活上，他的所有财产全部交给妻子管理，从不过问，平时也会跟岳父岳母在视频里谈天说地。

大大小小的节日，他都会为妻子送上花式告白和精心准备的礼物。提起老公，妻子是这样说的："我是个掌控欲很强的人，我老公成全了我。总之，他满足了我对一个男人所有的期待和欲望。"

不得不说，这段婚姻并不是大家口中的完美型，但夫妻二人的确享受其中。这就是独特性对关系的滋养，丈夫做着最放松、最真实的自己，他的需求才得以满足，才气才得以洋溢，而这样的状态又滋养着妻子。

试想，如果丈夫改变自己，他很可能会跟妻子因为装修、理财等事情产生冲突，又或者妻子只看到丈夫孩子气的一面，他们也会矛盾冲突不断，但他们最让人羡慕的一点，就是完好地保持着自我。

所以，在婚姻中，我们强烈地吸引着他人的一定是那些有别于其他人的个性，不管别人如何评价你身上的搞笑、孩子气、不操心事等特性，你都要告诉自己：这是特点，不是缺点。

就像那句歌词："我就是我，是颜色不一样的烟火。"

拿回属于自己的勇气

我们的人生仅此一次，不能把人生的主动权交给他人。

那要怎么做，才能拿回属于自己的勇气呢？

第一，自我接纳，而非自我肯定。

比如有人觉得自己应该一个月能挣1万块钱，而实际上只挣了6000块钱，自我肯定的人会说："我这次是因为运气不好，下次就可以拿到。"而自我接纳的人会说："我目前能保底的就是6000，我还有哪些可控的方面可以试试呢？"

第二，保持清晰的界限感，划分责任范围。

世界上有很多事，比如天灾，奈何你怎么努力，都无法阻止。而你能做到的事，是想办法保护好自己少受打击。

很多困扰都来自我们把自己的事交给别人，把别人的事揽在自己身上。比如笑笑出国工作，婆婆不开心，这个情绪的承担者应该是婆婆而不是笑笑。人生的路属于自己，在阻力下可以步调小一点儿，但若停滞不前，就只好任人摆布。

第三，多做正向暗示。

人是很容易受到自我暗示影响的，不要指望那些习惯于指责你的人给你鼓励，要记住，他们只能被你做出的结果敲醒。

可以试着罗列自己做过的比较成功的事，总结出自己的能力特质，然后多去接触那些能给自己鼓励和认可的人。

　　如果可以试着这样自我改变，你就不会再惧怕那些不友好，总有那么一瞬间，你会发现世界很美好，人生很简单。

拒绝爱暴力，
别让爱成为消耗

一个展现孩子日常生活的综艺节目，一时间，变成"催婚"的辩论现场。

真是"不同的爸爸，相同的看法"，他们一致认为，结婚生子是人生的必选项，趁早不趁晚，另一边的孩子们则认为要顺其自然，"催婚"大战在辩论中拉开帷幕。

爸爸们的话句句掷地有声，一位爸爸说："不结婚，不生子，是人生一大遗憾，是负能量。"其他爸爸纷纷表示支持。眼看子女代表们头头是道地驳回，又一位爸爸平静地说："如果她选择不结婚，不生小孩儿，我走那天，可能很伤心地就走了。"

他说得有多平静，这句话就多刺痛人心，背后的声音不过是：不结婚等于不孝。

生活中，这样的"催婚"一点儿也不稀奇，甚至有的父母会说

"我身体越来越不好，就这一个心愿""我经常愁得睡不着觉""我都不敢聚会，觉得丢脸"等等。

毫无疑问，父母都愿意为子女倾尽所有，但"催婚"这件事的确更是打着"都是为了你好"的"爱暴力"行为。

所谓爱暴力，就是以爱为名去绑架或者掌控对方，因为有爱作为支撑，让人很难反驳，但与爱相比，这更是一种伤害。

在生活中，这样的现象很多，爱情、亲情、友情中都有，爱暴力背后到底隐藏着怎样的秘密呢？

替代性满足

"我还不是为了你好"，这句话并不陌生，很多父母喜欢决定孩子的择校、择业，甚至择偶等，一旦被反对，他们就会这样说。

在亲情中，当父母以爱为名去控制孩子时，很多情况下，是自己心中有个未完成的心愿，才借由指导孩子过最好的人生来圆梦。

我见过一个单亲妈妈，为了让女儿以后出国读书，花很多钱送女儿去各种英语培训班。而原因是她觉得自己很可怜，没有读很多书，所以要尽一切努力供孩子出国。即便孩子不止一次地跟她说自己喜欢画画，不想出国，但这个妈妈充耳不闻，她觉得孩子还小，长大后就会愿意，哪怕母女关系一直矛盾不断。

某综艺节目中也有这样一幕，女儿和一个农村小伙相恋，妈妈极力反对。她用20万劝男孩离开女儿，然后告诉女儿，男孩拿走了20万。

自从男孩悄悄走掉后，女儿辞掉工作，整天闷在家里，开始抽烟、喝酒，一蹶不振。

后来，她拜托节目组找男生，男生虽然出现了，但已有了新的女朋友。女孩当场痛哭，而她的妈妈还在重复："我不允许你和他在一起，你想都别想。"

主持人提醒她："是你女儿追着人家不放，不是人家追着你们。"

就这样，一边是妈妈沉浸在自己所谓的爱里，一边是无法接受现实的女儿。女儿哭着对妈妈说："你总说为了我好，你能不能放手让我自己追求。"

这样的爱，更是一种伤害。用自己的价值观拆散女儿的幸福，即便女儿无比痛苦，她还是固执己见。

说到底，无论是第一个单亲妈妈还是综艺节目里的妈妈，都是把自己认为的好强加在孩子身上。虽然她们付出了很多，但感动的是自己，满足的也只是自己。

真正的爱首先是尊重，而不是毫无原则地控制对方。

喜欢采取爱暴力的人，总会觉得对方的选择是错的，是愚笨的，总以自己的期待为蓝图去设计别人的人生。

情感绑架

爱暴力是很难拒绝的，因为有爱作为支撑。

爱情中的"爱暴力"常常以"我都是因为爱你"开始，它很难识别，也让人很难说"不"。

有这样一个求助者，和男友谈了4年，她说早就没有了爱，但却无法提出分手，因为每次分手，男生就声泪俱下地道歉，甚至以死相逼。

他很敏感，也极度缺乏安全感，而女生刚好非常包容，很愿意照顾男生，所以，男生对她有着深深的依赖。

两人闹矛盾大多是因为男生的怀疑，而且每次闹起来，男生会口不择言，贬损女生，但情绪稳定后，他又开始道歉和承诺。女生总劝自己，男生还是爱自己的，只是没有安全感，所以每次都选择原谅。

有一次，女生参加公司聚会，但没带手机，男朋友打了232个电话，后来直接跑到聚餐地，朝着男领导一顿大骂。

女孩辞掉了工作，但也提出了分手，男生连续10天蹲在门口道歉，就这样，女孩再一次原谅了他。

不可否认，这里面有爱，但也的确伴随着伤害。这样的爱情终归是一场绑架，把自己放在受害者的位置，然后告诉对方"这都是因为我爱你"，言外之意就是"情到深处，身不由己"。但心理咨询师帕萃丝·埃文斯说，无意识不是控制的理由，它只是让控制变成可能。①

---

① 帕萃丝·埃文斯，《不要用爱控制我》。

爱暴力不好拒绝，但从长远看，它也不会长久，因为带有暴力的爱是一种消耗。

勇敢应对爱暴力

如果爱暴力发生在我们自己身上，究竟该怎么办呢?

在一个关于爱暴力的视频中，有个男生说，妈妈一直喜欢指点他的生活。他从心里感到厌烦，所以他的选择是完全忽视。即便很多时候妈妈说得对，他也宁愿唱反调，因为他不想被控制。

我并不赞同这样的做法，但这是很多人面对爱暴力的方式。他们宁愿用错误的方式来证明自己是一个具有独立意义的个体，其实，从本质上看，他们只是需要被看见和被尊重。

除此之外，还有人选择一味地顺从，因为怕伤害施加爱暴力的人。

其实，我们还可以试着这样做:

第一，建立界限感。重视自己内心的那份不舒服，并为此负责，知道自己想要什么和不能接受什么。当对方再一次以爱为名用暴力的方式对自己时，明确但温和地表达自己的想法。这就是界限感建立的过程，对方可能会因此大怒，但只有这样，才能把彼此的关系保持在一个相对平衡的状态，也才能长久。

第二，有条件地接纳。拒绝对方爱我们的方式，但不能忽视爱。在向对方表达不喜欢某种爱的方式时，可以顺便告诉对方自己期待什么，能让这份表达产生效果的前提是肯定对方爱你的初衷。

第三，学会自我肯定。无论对方用什么方式对我们，我们要始终相信自己值得被爱，也有自由选择的权利。只有看到自己存在的价值，我们才有力量以独立个体的形式和对方相处。

别施加爱暴力

爱暴力式的沟通更多的是一种以自我为出发点的表达，带着改变对方的期待，不管多合理，也是对对方的一种捆绑和束缚。

除了应对来自父母和爱人的爱暴力外，我们也要避免让自己成为爱暴力的施加者。那么，我们应该如何处理那些期待？如何有效地驱使另一个人主动做事呢？

第一，尊重。所谓尊重，就是不让自己显得高人一等，要尊重对方的发言权、表达权，甚至拒绝权。简单来说，就是不觉得自己比别人厉害，也不认为自己比别人了不起。

在相处中，我们一定要谨记，尊重就像空气，它在时，我们毫无察觉；但一旦不在，我们就会窒息。

第二，放下托付心态，打造平等关系。爱是两个人的事，是你情我愿的互动，而不是带着理所当然的期待负重前行。一旦相爱，就把自己所有的愿望都寄托在对方身上，这样做的后果只能是失望，甚至会伤害彼此的关系。

就像阿德勒所说，一段长久的关系，首先一定是平等的，平等意味着我们的每一句话，对方都有答应或者拒绝的权利。

第三，非暴力式沟通。面对一件事情，关系中的双方有各自的感受和期待是很正常的，我们可以向对方表达，但理所当然的期待却充满了霸道和暴力，因为我们不仅表达了自己的感受和期待，还给对方提前设计好了回应的内容。

对于每一个我们说出口的期待，最深信不疑的是我们自己，而对方则截然相反。所以，每当我们想要说出对对方的期待时，试着给对方一个选择权，把"你必须"变成"你可以"。

以上就是避免对他人实施爱暴力的小技巧。

面对爱暴力，我们不能一概而论，因为暴力是一个人无能为力之后的下策。但我们也不能一味地纵容和合理化，因为爱有了暴力，就像开启了一场消耗战，随着时间的拉长，没有谁会赢，总会有人退出。

在爱暴力面前，忍耐和抱怨不是唯一的选择，一味地抵抗也并不明智。

我们要做的是把生活的权利放在自己手中，告别暴力，让爱回归。

正因为每个人都有自己的想法和感受，我们在一起时，生活才会更丰富、更有趣。请不要以爱之名对所爱之人施加暴力。

就算不出众，
你也很平等

如果一个停车场里都是豪车，而你开着一辆破旧的二手车，你会开进去停车吗？

如果你参加一个聚会，所有人都西装革履，而你穿着休闲装，你会坐立不安吗？

如果有一个很优秀、很帅气的男生在你眼前，你也很喜欢他，你会打招呼吗？

有多少人会做出以下选择：

哪怕开很远，也要把车停在一个不显眼的地方。

躲在聚会的角落，一声不吭地耗着。

面对优秀的意中人，若无其事地走开。

生活中，这样的选择时有发生，一旦自己在群体中处于相对弱势的一方时，就会选择退缩，感到羞愧，甚至放弃。

今天，我想告诉你的是，就算我们极其平凡，也请告诉自己："你不出众，但人格平等。"这要从人际关系的类型开始说起。

纵向关系与横向关系

常见的人际关系有两种，第一种是纵向关系。

所谓纵向关系，就是给关系贴上很多高低贵贱的标签和评判，直白地说，就是总觉得低人一等，为人处事时唯唯诺诺。

我们来看一个纵向的婆媳关系。

阳阳是一个甘肃姑娘，一毕业就跟着老公来到青岛，可以说有些义无反顾。好在老公很能干，短短三年时间，就从一个普通的销售员到一个工作室老板。夫妻关系也还不错，但婆媳关系却不理想，强势的婆婆很喜欢对他们指指点点，不管是家里的装修、孩子的教育还是对老公的照顾。

比如老公出差，她想带着孩子一起去，一家人在老公工作之余可以一起游玩，愣是被婆婆拦下。婆婆还经常不打招呼就自己开门进入，说来浇浇阳台上养的花。

阳阳非常介意，但她不想和婆婆起冲突，所以一直选择隐忍和顺从。这是因为她觉得自己一个人离家这么远，娘家经济条件也一般，她想用隐忍获得婆婆的认可和信任，但她的一再忍让非但没有获得婆婆的喜欢，反而让婆婆更加我行我素。

二女儿出生后，婆婆更是对她毫无顾忌，私自做主把阳阳家的东西送给了大姑姐，坚决不帮忙看老二，阳阳很委屈、很愤怒，也很抱怨，夫妻二人的争吵越来越多，而她见到婆婆就浑身不舒服。

这就是纵向关系对一个人的伤害，阳阳因为自己家庭条件相对差一些，又因为辈分的顾虑，就选择无条件地退让和顺从。本想保持和谐，但反而破坏了关系的稳定，一个变得更加肆无忌惮，一个变得委屈抱怨。

因此，在关系中，我们要告诉自己："就算你不是最出众的那一个，你的人格也是平等的。"只有这样，我们才会有舒服的关系。

第二种是横向关系。

所谓横向关系，就像我们在组织中所说的"扁平化"，你可以想象有一条直线，和你相处的人都是垂直于这条直线的小分支，根本没有高低贵贱的标签。

桥水基金创始人瑞·达利欧就很支持横向关系，在他的公司，所有人都可以随意指出另一个人的问题，就连一个新来的职员，也可以直接告诉达利欧："你今天说话很糟糕。"

正因为这样的坦白，公司的业绩非常好，工作效率也非常高，这也成了大家广传的管理理念——极度真实，极度透明。其实，在这背后是平等，是横向关系，不管职级、工龄和业绩如何，大家都有平等的表达权。

说到这里，我想起亲密关系中的一个反例，丽丽是一个事业有成的姑娘，但和老公的关系却很糟糕。

为了缓和夫妻关系，她一直积极参加各种课程，也学到很多沟通和亲密关系相处的技巧，她改变了很多，不再像以前一样歇斯底里地跟老公吵，但和老公的关系却变得越来越糟糕。

老公会毫无缘由地贬损她，含沙射影地说她和其他异性的关系暧昧。面对这些无中生有的指责，丽丽用技巧安抚自己，假装淡定地告诉老公："你在情绪中，先冷静一下吧！"

老公却像发疯的狮子一样，摔东西、破口大骂，甚至打自己，她问我："我改变这么多，可他怎么越来越严重，到底怎么了？"

在回答之前，我们可以设想一下，当你处在疯狂的状态，另一个当事人跟你说："你先冷静一下吧！"这会是一种什么样的感受？

就像重拳打在棉花上，是吗？这句看似温和的话，其实传递着一份不对等的关系，往深里说，丽丽说的这句话的潜台词是："你现在不好，你先好起来，才有资格和我谈。"

所以，与技巧相比，能把双方平等地放在横向关系里更重要，哪怕是你来我往的吵架也是一种横向平等的关系。在亲密关系中，最糟糕的相处莫过于一个人气得要命，另一个人却云淡风轻地说："我不想和你吵。"背后的高高在上和优越感会让对方更加失去理智。

以上就是关系里的两种类型：一种是平等、一致沟通的横向关系；另一种是纵向关系，诸如讨好、指责、委曲求全。

要想长久地维持一段关系，我们要学会建立横向关系，不管对方是谁，也不管对方做了什么，我们都要在人格上保证彼此是平等的，因为当关系不再平等，也就没有了灵魂和骨架。

建立横向关系

第一个建议，时刻保持自我意识。

自我意识就是一个人对自己的了解，并能为自己的需求负责的能力。一个有自我意识的人，在人际关系中可以看到自己，只有这样，我们才能看见对方。

比如，当权威的一些语言或者行动让你感到不舒服时，你可以及时停止迎合，再理想一点儿的状态是，试着真实地表达出自己的想法和感受。

第二个建议，多用鼓励代替表扬。

为了表示友好，人们很喜欢用表扬来回报对方。

打个比方，你下班回家，老公打扫完了卫生，想一下，你会是什么样的感受？兴奋、感激、幸福、开心？总之，感受会很好。那你会跟对方怎么说呢？我这里有三句话，你来感受一下，第一句是"你做得太棒了"，第二句是"今天太阳从西边出来了吗？下次继续啊"，第三句是"哇，老公，我要哭了，好感动，谢谢你"。

你喜欢哪一句？最容易说哪一句呢？当然，第三句是横向关系的对话，因为是从自己的感受入手，而不是从对方的表现入手。

鼓励和表扬最大的区别是，鼓励是基于自我感受，是对对方的认可；而表扬是对对方的评判，多少带着居高临下的感觉。

第三个建议，意识上平等，而非形式上平等。

真正的平等不是一样的地位，而是从意识上看到彼此没有区别，不管面对什么人，都能做到不卑不亢。

第四个建议，信任事实而不是感觉。

若基于事实思考，我们会去确认事实，而不是发泄情绪。

信任事实的人，更能在事实基础上去争取和尝试；而一个信任感觉的人，很容易过度信任感觉，表现出指责或者讨好的平衡行为。

感觉是重要的，但一味地只信任感觉，会让我们看不到事实和对方。

第五个建议，捍卫自我权利，提升资格感。

资格感是一个人面对这个世界的力量，尤其是那种身心一致的资格感。

一个人之所以能，是因为相信能。就算不完美，我们也愿意给自己尝试的机会。

有两个朋友相约出去玩，A很喜欢钓鱼，但他心想，这个爱好太过于单调，B应该不喜欢，于是他问B："你喜欢划船吗？"B毫不犹豫地回答："可以，我喜欢。"就这样，两个人划了一上午船后回家了。结果两个人都玩得不尽兴，因为他们都不喜欢划船而喜欢钓鱼。与其说这是沟通不良的结果，我更认为是资格感使然，一个资格感强的人，会首先说出自己喜欢钓鱼，然后确认对方的想法。

生活中这样的事情特别多，对方问我们想要什么，我们会不假思索地说"都行"，但当事情结束后，我们又觉得这不是自己想要的。

影响资格感的信念大概有三个因素：

第一，给自己贴标签。比如一个人认为"假如我这样说，就是自私自利"。

第二，怕被人拒绝。把不同意当成对自我的否定。

第三，愧疚感。认为按自己的想法做事是对别人的伤害，然后心生愧疚。

一个朋友说了这样一件事，实习结束，单位要和他们谈工作安排，作为自考本科毕业生，同去的同学们都把主动权交给了对方，只有她跟老板说："您看过我的能力了，我可以拿这个底薪，但我希望达成目标量后有更高的奖金。"不承想，老板一口答应。就这样，同去的同学里，只有她进入了新项目团队，虽然很辛苦，但一年后升为销售经理助理。老板对她说："从你和我讲条件的第一天，我就觉得你是一个可塑之才，我在等你成长起来。"

这就是"即使我不出众，但人格也平等"的资格感，只有你信任自己，别人才会信任你。

其实，你有多少勇气做你自己，对方才有多大可能做他自己，否则，彼此之间即使有再多的爱，也只是在编织一个看似美好，实则空虚的幻象。

资格感强的人，不会被权威、爱等因素绑架，不会用冷暴力、抱怨等消极方式应对，而是情绪平稳地将自己所爱、所需、所不能接受的诚实地表达出来，并首先做自己想做的事。

这不是一个完美的世界，每个人也都不完美，但这是一个相对公平的世界，只要你打破完美的束缚，把自己放在"我可以"的起跑线上，就能与他人建立平等的横向关系。

你或许不出众，但你的人格与人平等！

走出不自信的孤岛

不攻击自己，无条件接纳

提升自信必须从巩固自尊开始，一个自尊水平低的人会习惯性地自我怀疑和自我否定。

为什么这样说？回想一下，我们经常听人说"自尊心太强"，这似乎是个负面的评价，其实，越是自尊心强的人，越缺少自尊感。

在接受咨询中，最常见的攻击是对自己的攻击。

当你告诉她"你好漂亮"，她会说"有什么用"；你跟她说"你很厉害"，她会说"那都是装的"。你越是努力地反馈她的优点，她就越是反驳你，似乎在说："闭嘴，我不是这样的，你不要这样说我。"

直到你说"你觉得自己很糟糕"，她才会连连称是。

我认识这样一个成年男子，他要去银行贷款，临去之前各种打听，感觉自己可以贷到想要的数额，不料，他被拒绝了。

恼羞成怒的他跟柜员吵了起来，最后被保安以报警为由拖出来，各种情绪涌上心头，一个人在大白天喝得烂醉。当然，这是很多事情积累后的爆发，可为什么在这件事上爆发？因为他把贷款被拒当成"我不好"，他觉得就连陌生的柜员、保安及围观的人都看不起他，越想就越痛苦。

其实，贷款被拒的原因有很多，而且可以肯定的是，这不是别人攻击他，真正攻击他的人是他自己，他把正常的拒绝解读为人格被否定和嘲笑。

再说个例子，有个单亲妈妈是公务员，在行政大厅工作，每天都要面对形形色色的人，一天下来疲惫不堪。回到家里，她还要做饭、打扫卫生和辅导孩子作业。碰巧有一天，孩子考得很差，她辗转反侧了一晚上，最后在朋友圈发了一条动态："活该，这就是你的命！"

如此武断地自我攻击后，她睡着了，就像认怂的战士一样。看起来，问题得到了暂时的解决，但她的自尊却受到了致命的打击，而我们知道，自尊决定着自信。

你知道吗？自我攻击是会上瘾的。今天，你能用恶毒的语言骂自己，明天就能打自己，把自己贬损得一无是处后，绝望就会代替希望，自信更是无从谈起。因此，就算我们有一万个理由攻击自己，也请留下一个理由接纳自己。

其实，在攻击自己这件事上，我们每个人都很擅长。比如自尊运动之父纳撒尼尔·布兰登，他是闻名国内外的自尊心理学者，他也经历过自我攻击。那个时候，他特别想写一本受大众喜欢的书，但完美的假设却让他根本静不下心来写作。

于是，有了他和朋友这样的一段对话：

布兰登说："这几天，我一直问自己，到底是什么东西鬼使神差地让我以为自己能写书？对自尊，我到底懂些什么？我对心理学真能做点儿什么贡献吗？"

朋友惊讶地说："什么？纳撒尼尔·布兰登竟然会有这样的想法。"

事实上，此前他已经出版了6本书，而且一直很畅销，他还一直在开展有关自尊的课程。

所以，在自我攻击面前，谁也无法置身事外，即便是一个深知自尊有多么重要的人。

我们习惯于向身边的人示爱，所以有了"520""521"、七夕节、情人节等节日，我们会在这样的日子里向爱人、孩子、朋友表达爱意，看着他们笑，我们也倍感开心，可是，我们却从来没有认真、严肃而又充满仪式感地对自己说"我爱你"。

其实，"爱自己"就如同我们连接世界的窗户，外界是一片狼藉还是熠熠生辉，都由此而定。有人说，你有多爱自己，这个世界就有多精彩。

很多时候，我们会因学历、外貌、经济条件等感到难堪和自卑，会为了让爱的人开心而选择退让和成全，甚至有时还为了星星点点的认可而去试图说服或指责对方。

这就是我们和世界相处的方式。心理学上常说：一个人25岁以后，一定要学着做自己的父母，以一个成年人的方式去照顾那个会慌张、恐惧的"内在小孩"。

心理学家阿德勒也说："人生最大的不幸，是不喜欢自己。"[①]

假如这个世界上只有10个人，一定会有1个人不喜欢你，2～3个人和你关系融洽，剩余的人和你关系平平。而我们的焦点却常常在不喜欢自己的人身上，并把这当作世界的想法，然后难过、愤怒甚至自暴自弃，直到事情果然那样不如意地发生。

我们总免不了去跟他人比较，也免不了对现实不满，因为这会使我们会进步，同样也因为这些我们会陷入自卑和迷茫。

我想问问你，假如你年初给自己制订了一个目标，每个月要挣1万块钱，而到了第三个月，你只挣了2000块，你会如何面对自己呢？

有这样几个选项：

A.没关系的，这个月业绩都不好，下个月就好了。

B.我就知道，我肯定拿不到1万块钱。

C.我就这样了，穷就穷吧。

D.我拿到了2000块钱，我知道自己尽力了，我可以找一些朋友帮我推荐客户。

---

① 岸见一郎、古贺史健，《被讨厌的勇气》。

你会选哪一个呢？

A是盲目乐观，给自己"打鸡血"，其实，这些都是压力。

B是自我否定和贬低。

C是悲观的绝望，一次不好就会定义为终生不行。

D才是自我接纳。

生活中，自我肯定的人很多，但真正懂得自我接纳的人很少。

我们真正要做的是自我接纳，心怀感恩地和自己复盘：这件事情我付出了怎样的努力？达到了怎样的效果？我的目标是什么？还有多少差距？哪个方面是我所欠缺的？我还可以从哪几个方面进行完善？

无条件地接纳意味着不管以怎样的形式发生什么，都告诉自己"我已做到了我能做得最好的程度"，同时承认每个人都有局限，无关能力和人品。

赠你一个语言锦囊："我全然接纳现在的自己。"

每当你开始自我攻击时，请连续对自己说10遍，在这个过程中，眼睛不要眨，头不要动，声音要洪亮，如果可以面对镜子，那最好了。

再给你一个提升自尊的练习方法：

找一个安静的房间和一面看得到全身的镜子，面对镜子做几组深呼吸，眼睛注视着自己身体的每一个部位，然后对自己说："不管我有多少缺点和不足，不管发生了什么，我都全然地、毫不犹豫地接纳我自己，爱我自己。"

只要你坚持做这个练习，你会对自己有更多的耐心和包容，也会体会到更多的自尊感。

当你以这样的方式做到自我接纳时，就能客观地看到自己，然后才能集中精力做事，真正接纳自己当下所有的优点和不足，这是走向未来最好的路。

尊重界限，保护彼此

界限是人际关系中对彼此最好的保护。

一个不自信的人，在与人交往中也常常界限不清，分不清你我，要么以对方的反应来评价自己，要么把别人的事情背负在自己身上。

所以我们会看到，有的人小心翼翼，生怕做出让别人不高兴的事情；有的人喜欢大包大揽，比如邻居家的孩子需要人照顾，她会想都不想就安排自己的老公去。这都是界限不清的表现。

从自信的角度来说，在界限问题上，我们最大的障碍是，会因为别人一句漫不经心的话或被别人拒绝而陷入烦恼，也就是不允许别人有界限。

比如你兴冲冲地给对方分享一个消息，但对方只是"哦"一声，你会不会心烦，甚至暗暗发誓："再也不会跟他分享。"或对方一直说你是她最好的朋友，但在你和其他人出现矛盾时，她却选择中立，拒绝帮你，你会耿耿于怀吗？

如此一来，我们把拒绝、不理想的反应都等同于"我不好"，别人随随便便的一句反馈就成为我们攻击自己的利器，偶尔也会因为别人无心的话而与之大吵一架。

再赠你一个界限锦囊语："那只是选择，不是拒绝。"尤其是对方不同意你的建议时，请试着告诉自己，那不是拒绝，只是他的一个选择。

明确自我定位

所有不自信的人，其自我都不够坚定。

他们会把孩子学习好不好归为"我是不是称职的家长"，会把伴侣开不开心归为"我好不好"，这样一来，关系里稍有点儿风吹草动，就会变得草木皆兵。

要拥有一段健康成熟的关系，清楚的自我定位是非常关键的。

用一个比喻来说，人与人的相处就像跳舞，你的前进和后退也影响着对方的舞步。在与人相处中，我们的自我定位，也影响着对方会站在什么位置上。

就拿亲子关系来说，很多时候，父母会承担老师的角色，催促孩子写作业，辅导孩子功课，提醒孩子答题要仔细。久而久之，爸妈不催，孩子就不做。而且，孩子会越来越厌烦父母的唠叨，甚至会用撒谎的方式来应付父母。很多爸妈都苦恼："为什么孩子好像是在为我学习一样？"

再拿夫妻关系来说，很多女性朋友会抱怨老公是甩手掌柜，但她们一边抱怨，一边又给老公打理着一切。

这些都可以从自我定位上去做一些改变，自我定位的锦囊语是："我是完整的我，他才是完整的他。"

因此，在人际关系中，尤其是在沟通时，你要经常问问自己："此时此刻，我是谁？他是谁？"

调动积极思维

思维是一种高级的认知活动，是大脑对外界事物进行信息加工的过程。思维有两个特征：一个是间接性，也就是根据已有信息推断未知信息；另一个是概括性，根据已有信息对事物的本质进行概括总结。

可见，思维深刻地影响着一个人对眼前事物的判断，一旦思维方向有偏差，问题会接踵而至。所以，我们一定要多调动积极思维，否则就会被思维控制。

举个例子，你计划了很久要去野餐，买好了很多食物，但不料这天下起了大雨，这个时候，你会怎么想？

一定会有人这样说："真是烦死了，令人讨厌的一天。"

实际上，你完全可以享受这样的雨天，跟朋友来一场"室内赏雨餐"。

每当发生事与愿违的事情时，我们就会把所有的事情都看成是糟糕的，但通过转换思维方式，调动积极思维，我们就能看到事情好的一面。

这个时候，我们可以用的积极思维锦囊语是："这不是讨厌的一天，这只是下雨天。"

看起来很简单的一句话，会帮助你从思维的概括性中挣脱，去客观地看待眼前的事情。只要你坚持用这样的语言来进行自我反馈，就会减少很多无谓的关联和抱怨。

理性对待创伤

"创伤"一词随着心理学一起走进了我们的视野，创伤有童年创伤、感情创伤、成长创伤等等。

有的人对于父母曾经严厉的指责和打骂耿耿于怀；也有的人即便已经结束了一段恋情，但依旧痛苦于"他凭什么"；还有的人纠结于自己的学历不高或者某一段糟糕的经历。

没错，这是一段糟糕的体验，你也真的因此受了伤，但这样的念念不忘，相当于再一次举起那把锋利的刀刺向自己。

毕竟，我们无论如何也回不到发生那件事的时间。

这种情况下，我们可以用的创伤锦囊语是："我无法改变过去，但我可以决定未来。""我还要让它伤害我多久？"

回忆创伤会让一个人进入情绪脑，忍不住想起那时的感受，但这样的锦囊语可以帮助你启动理性脑，让你慢慢恢复理性，着眼未来。

"我无法改变过去，但我可以决定未来"这句话会给你带来一份力量，而自问"我还要让它伤害我多久"会让你试着从这份糟糕的体验中学习自我保护，慢慢地缩短它影响你的时间，这样一来，你就能掌控创伤，而不是让它掌控你。

提升安全感，增加掌控感

最影响自信的是安全感，最提升自信的是掌控感。

安全感缺失多是源于糟糕的体验和经历，比如婴儿期母亲不合适的照顾，或者小时候因为在人多的场合说了一句不合适的话，回家被父母批评，从此不敢在公共场合发言。

这些都是不可逆的经历。让父母道歉是简单的，但这样作用不大，最有效的方法是试着去重新建立身体感觉，建立新体验，这就是掌控感。

提升安全感，最好的方法是行动，最大的障碍是虚幻想象。所谓虚幻想象，是指根据自己的感受，去凭空想出很多可能的故事情节。

所以，克服安全感缺失，提升自信心，就是要行动起来，让自己看到还有其他选择，而我们可以使用的锦囊语是："我可以一面怕一面做。"

每当你有些不安时，就问问自己："如果可以增加5%的幸福，我想做的是什么？"

这样一个问题，可以帮助你从害怕问题转变为解决问题。

比如你要见一个很中意的人，但你很担心会给对方留下糟糕的印象，那你可以问自己这个问题，而能增加5%的幸福的方法有检查一下衣服，了解一些对方的信息，熟悉一下见面地点，想一下要聊的话题，等等。

更重要的一点是，每当我们做了一点点改进，就及时跟自己反馈两个问题："与上次相比，这一次好在哪儿？""我比以前有了哪些更好的应对方式？"

这就是自我积极反馈，很多时候，我们做了很多有效的努力，但却固执地认为，我们还是那个无力的孩子。

优势提取

很多时候让我们黯淡无光的不是这个世界，也不是他人，而是我们的不勇敢和不自信。

所谓安全感，就是相信自己有能力应对生活中的一切困难，相信自己可以承担这份责任，而优势提取可以培养这份自我信任。

比如一个书生看到一个经商的人，就感叹自己"除了读书什么都不会"。其实，他可以这样想："那个人很擅长经商，而我的优势是与文章打交道。"

我认识一个宝妈，因为婆婆年龄大，没法儿帮她看孩子，所以她只好辞职在家带娃。而老公白天卖保险，晚上跑"滴滴"，经常半夜才回家，多的时候一晚能赚500来块钱。

她一度很迷茫，生完孩子后，不知道自己该做些什么。刚好那时有人陆续开始做视频，她曾做过设计，便想用做设计的审美来拍视频，但因为自己体型不好，又没有什么才艺，于是开始用手机记录孩子的日常，以远嫁宝妈的身份跟大家分享生活。

如今，她已经有6万粉丝，每个月光视频收入就近2万块钱。

我们可以选择焦虑，也可以探索自己能做的，而不是拿自己不能做的去和别人作比较，一个人最大的智慧是能够活在当下，去做一切可能、可行的事。

你可以试着去回顾人生历程中那些让自己很有成就感的事，进行总结，诸如写作、经商、演讲等技能，以及坚持、果断、真诚的特质。

我们可以用的锦囊语是："一定有我能做的事。"

很多时候，我们眼里只看得到别人光芒万丈，然后黯然神伤，殊不知我们每个人都自带光芒，而那些我们眼里优秀的人不过是善于从自己的优势出发，刻意练习和不断打磨而已。

建立自信没有灵丹妙药，但在自信面前我们不是无能为力，语言锦囊可以帮我们建立新的思维模式，练习可以帮助我们获得新的体验，记得告诉自己：我有自信的权利。

我们无法从一个自我怀疑或者自我否定的人，立刻变成一个信心十足的人，但是，只要我们肯采取一点点行动并及时肯定它，就能拿回属于自己的自信。

Trust

Yourself

Part ❸

第三章

乐观——培养积极归因风格

乐观背后的心理学真相

你肯定听过"秀才与棺材"的故事吧！

两个秀才赴京赶考，都遇到了抬棺材。一个秀才越想越晦气，然后很失落地走进考场，结果可想而知，他文思枯竭，名落孙山；而另一个秀才看到棺材后，一阵窃喜，在他看来，有"官"，又有"财"，真是鸿运当头，大喜之兆，考场上他文思泉涌，金榜题名。

同样的起点，同样的遭遇，却有截然不同的结果，区别就在于第一个秀才是悲观的，他只能看到事情坏的一面；而第二个秀才是乐观的，他能看到事情好的一面。

生活中，你更像第一个秀才，还是第二个秀才呢？今天，我们就从心理学的角度来聊聊乐观。

关于乐观

心理资本研究之父路桑斯说："乐观是对当前和未来做积极的

归因。"①乐观水平高的人倾向于对事物做出积极、正面的评价；乐观水平低的人则倾向于对事物做出消极、负面的评价。

哈佛大学曾做过一个关于乐观的追踪研究，所有参加研究的被试者都是哈佛大学的优等生，其他条件都相似，只是乐观水平参差不齐。20年后，这个研究发现，偏悲观的被试者患高血压、糖尿病和心脏病的比例要高于偏乐观的被试者。

可见，乐观水平直接影响着我们的身体健康。

2020年，一场疫情打破了生活的平静，很多人在疫情到来后遇上了心理问题。

我的一个来访者，疫情开始时，她患了重感冒，但并不是新冠肺炎。后来感冒好了，但她却总怀疑自己又得了重病，觉得自己心跳很快，嗓子很堵，之后大大小小的体检做了很多，但她还是不放心，经常崩溃大哭。和孩子吃饭会哭，她担心这是最后一顿饭；站在窗户边会怕，怕自己忍不住跳下去；不舍得给父母发信息，担心是遗言……总之，那些无中生有的苦恼，她都一一去碰触，唯独看不到好的一面。

最后，心理医生的诊断是中度抑郁，给她开了药。

她也知道自己做了很多检查，确实没有病，但就是忍不住胡思乱想。这源于人内心深处的恐惧感，疫情到来后，人们对自身健康充满担忧，很容易就进入悲观的思维循环里。

---

① 路桑斯等，《心理资本》。

有人可能会说："往好的事想呀！"乐观还真没有这么简单，就像这个来访者，她非常想乐观起来，但就是忍不住去悲观地揣测一切。

不得不说，乐观不是一件容易的事，想要乐观，单凭借内心的渴望是远远不够的，我们必须学会如何战胜心底的悲观。

悲观本能与乐观的习得

虽然我们渴望乐观，但悲观是我们的本能。也就是说，面对任何状况，我们本能的想法一定是悲观的。所以，要想乐观，必须刻意去转变。

乍听起来有些难以接受吧？但从进化的角度看，基因延续就是一场战争，弱肉强食时有出现，我们需要悲观，因为它能提供让我们存活下来的防御机制。

就像刚出生的婴儿，虽然妈妈的离开只是暂时的，但他会悲观地认为"我被抛弃了"，然后大声哭喊，这样一来，就会有人来照顾他。你发现没有？一个不会说话的婴儿也会用自己的方式来获得照顾，靠的正是悲观思维的引导。所以，悲观是一种本能，是由我们保护自己的机制产生的。

随着慢慢长大，我们开始学习语言，开始学习爬行和走路，也慢慢有了自己的社交，对于生存的恐惧才一点点减少。但悲观的本能并没有改变，你可以问问自己，假设眼前有一个密封的房子，你是会毫不顾忌地走进去，还是会四处观察一番再做决定？我想很多人会选择后者，先确保自身安全，再去尝试。

正因为我们出于自我保护的考虑，才会提倡"居安思危""未雨绸缪"，毫无疑问，为了保护自己，悲观就是我们的本能。

悲观与习得性无助

既然悲观是保护自己的方式，我们是不是就要保持这份本能呢？当然不是，心理学研究发现，久处悲观，对我们是有害的。

先来看这样一个例子。

莉莉是一个35岁的单亲妈妈，她是一位护士，独自带着7岁的儿子生活。有一天，她加班到很晚才回家，发现水电都停了，临时补缴了电费却迟迟没有来电，正饿着肚子，打算休息一会儿，儿子的班主任打电话说，孩子在学校闯祸了。

挂完电话，她崩溃大哭，给朋友打电话哭诉："我就是活该，家境不好，处不好夫妻关系，做不好工作，也养不好孩子，真是活着浪费空气，死了浪费土地……"

这段话真是把悲观发挥到了极致。没错，这些琐碎的日常生活的确很糟心，换作是谁都会有情绪，但一定不是所有人都会这样贬损自己。莉莉的悲观带着绝望的影子，她进入了"习得性无助"的模式。

所谓习惯性无助，是悲观过度的结果，是指人们对现实的无望和无可奈何的行为、心理状态，面对许多无法控制的事情，经常试都不试就放弃了。

生活中，悲观的人很多，他们会把很多困难和挫折归结为命运，而且摆出一副无能为力的样子，这都是习得性无助的表现。

习得性无助的概念是由积极心理学之父赛利格曼教授提出的，他当时做过一个实验。

他把一只小狗关在笼子里，每当播放音乐时，就给小狗一些刚好可以引起痛苦的电击。几次实验过后，小狗从试图逃窜到放弃挣扎。最后，他把关小狗的笼子打开，再播放同样的音乐，给小狗同样程度的电击。这一次，你猜会发生什么？它会逃跑吗？

答案是否定的，小狗选择忍受电击，放弃挣扎。但实验到这里还没有结束，在接下来的观察里，他发现就算只是放同样的音乐而不给小狗电击，它也会倒地呻吟，全身颤抖。

这就是习得性无助，用一句话来总结，就是小狗不是真的无助，而是经历几次困难后，它陷入了无助和绝望。

人又何尝不是这样，如果任由悲观认知横行，我们会从努力到颓废，会在原本可以克服的困难面前束手就擒。这也是为什么很多人连尝试都没有，就认定自己做不到，或自己命不好。

如何习得乐观

知道了悲观是本能使然，那我们就只能任由悲观横行吗？当然不是，乐观也是有迹可循的。

我们再来说说赛利格曼教授，他因研究悲观心理学而名扬世界，但他最后成了积极心理学之父，在提出习得性无助的基础上，又提出了"心理免疫"这一概念。

在习得性无助的实验中，小狗因电击次数变多而放弃一切抵抗，在这个实验的基础上，赛利格曼教授尝试教小狗"掌管"电击。

实验过程是这样的，只要小狗对电击做出了反应，电击就会消失，几次训练后，小狗就不再只是绝望地等待电击，而是尝试用自己的反应来减少电击。包括之前进入习得性无助状态的小狗在内，它们学会了管理电击，心理产生了免疫反应，而这就是乐观。

对此，赛利格曼教授说："掌控行为是习得乐观最大的机会。"

这告诉我们，乐观是可以习得的，方式就是行动。就拿前面悲观的莉莉来说，除了感叹自己的不幸，她也可以尝试着去做点儿其他事情，可以在没水没电的情况下和儿子出去住一晚上，趁机和儿子聊聊学校的事情；也可以在这样的情况下早点儿睡觉，让自己得到充分的休息。

不管怎样，她有很多选择，可以不让自己沉浸在悲观的感受中。走出悲观是可能的，只要你肯行动。

可见，悲观是我们的本能，那是因为我们想要活下来，现在，物质条件变得越来越好，我们开始寻求精神享受和高品质的生活，乐观也变得越来越重要。

不管怎样，作为人类，我们是幸运的，悲观的本能帮我们活下来。更幸运的是，我们可以习得乐观，活得更好。因此，不管在什么时候，我们都有权利选择乐观，选择往前一步行动。

避免悲观认知

乐观是幸福的加油站，是我们必须开发自己的心理资本，因为它能使我们有勇气面对困难，迎接最好的一切。

而乐观最大的挑战，就是我们的惯性悲观。在人际交往中，我们尤其要避免五个悲观的认知。

第一个，非此即彼。

所谓非此即彼，是指保持二元化思维。简单来说，就是不管说话做事，都非黑即白。

举个例子，一个女生连续考研两年，但都没能考入理想的学校。面对这一结果，她说："我连考研都考不上，我就是个废物，一文不值！"

事实上，她的考研成绩并不差，但她不想接受调剂，只想进这个专业最好的学校。她对自己的评价就是非此即彼的悲观认知，有这种认知的人大都不能接受自己不完美的一面，一旦有一点点不理想，在他们看来就是100%的坏。

生活中这样的人有很多，比如伴侣之间，"不陪我就是不爱我，爱我就要陪我"；又比如学生，"我没拿到第一，我太差劲了"。说实话，这很霸道，也很任性。其实，能证明爱的方式很多，陪伴不过是其中之一；第一名只有一个，难道除了第一都很差吗？

可带着这种念头的人是不会这样思考的，他们绝对不允许有第二选择，绝对不允许失败、出错等事与愿违的情况发生。

坦白讲，生活一定会辜负这样的人，因为他们就像一根紧绷着的弦，没有留给自己一点点回旋的余地。这样不仅自己整天难受，身边人的心情也会阴云密布，幸福和快乐更像过山车一般，起起落落。

第二个，以偏概全。

如果说非此即彼是把部分当整体，那么以偏概全就是把偶然当必然，把一次糟糕事情的发生判断为永远会这样。

我在高中时就遇到过这样的同学，她是一个很努力的女孩，为了节约时间多看书，她选择趁大家午休时去打水，但不巧，她第一次就碰上了长长的队伍，一时间，她扔掉暖水瓶哭着说："我怎么这么倒霉，每次打水都这么多人。"

事实是这样吗？当然不是。她的痛苦在于她把一次排队当成她每次打水都会排队，她把一次打水不顺利当成整个人生都不顺利。

总结一下，有以偏概全认知的人会把一次失败当成永远失败，糟糕的事情只要发生一次，他就认定会反复出现。

真是印证了那句话：很多时候，我们不是被事情难倒的，是被自己的想法气倒的。

假设一个女生被一个男生欺骗了感情，如果她有以偏概全的认知模式，她就会这样想："这个世界上，男人就没一个好东西。"

不得不说，这样的思考方式只会让女孩越来越被动，即便出现一个很优秀，也很喜欢她的人，她也没有勇气去接受，甚至会不了了之。

所以，不管发生什么，不要用偶然的事件去解释一切，只有这样，你才有机会看到人生更好的一面。

第三个，负性心理过滤。

所谓负性心理过滤，就是指从普通的情境中只挑选消极的细节，并沉浸其中，把整件事情甚至这个世界都当成消极的。

有一位主持人曾讲述他和爸爸的故事。当他拿着第二名的成绩回家邀功时，爸爸问："第一是谁？"而当他终于考了第一，再次开心地给爸爸展示时，爸爸说："这道题我讲过吧！怎么还错？"

想一想，如果你是他，你会有什么感受？这个爸爸的认知特点是典型的习惯性负性心理过滤，不管儿子做得多好，他总是看到糟糕或者没做好的那一面。

再举个例子，一个人拿到了98分的成绩，很高吧？身边的人都祝贺他，但他自己却说："这么简单的2分都没拿到，我真是太粗心了。"这也是负性心理过滤，他首先看到的不是那个98分，而是没拿到的2分。

这就是有负性心理过滤的认知习惯的人，他们随身携带着一个放大镜，不管事情多么理想，他们总能看到负面的内容。换句话说，他们会"选择性失明"。我们常说，你叫不醒一个装睡的人。同样，你也无法照亮一个"选择性失明"的人。他们不开心，而跟他们一起生活的人，同样会感觉暗无天日，时间一久，内心就会无助而绝望。

第四个，乱贴负性标签。

所谓乱贴负性标签，是指因为一点点失误就给自己一个绝对化的糟糕评价，比如"笨蛋""一事无成""注定失败""废物"等。

我接触过一个来访者，她的身体出现问题后，医生告诉她必须早睡，她说自己也很想早睡，但总是做不到。她想让我监督她，监督方法很简单，就是她每天睡觉前跟我说一声。一周的时间，她在我这里打卡了5次，但咨询一开始，她就垂头丧气地说："你看，我就是一个做事半途而废的人。"

我问她："从无到有，你不觉得刚开始就能坚持5天已经很不错了吗？"她沉默很久后说："老师，你的这句话让我很惊讶，在我的经验里，身边的人都会告诉我只坚持了5天。"

这就是乱贴负性标签的人，因为经常被别人评价和指责，他们也变成了给自己贴负性标签的人。而且，一个喜欢给自己贴负性标签的人，同样喜欢给别人贴，这样的人也很容易盯着别人的不足和缺点，因为这就是他熟悉的认知思维模式。

贴负性标签是人际关系的大忌，因为一个人一旦多次被贴上不好的标签，他慢慢地就会放弃撕掉这个标签，选择认同。这样一来，真的没有办法让他产生改变。

第五个，内疚推理。

所谓内疚推理，就是不管发生什么，总是努力去找自己的问题。

　　比如孩子考得不好，妈妈说："都是我最近比较忙，没有照顾好孩子。"真的是这样吗？孩子成绩不好是因为家长照顾不到位吗？也许有这方面的原因，但一定不是决定性因素。

　　生活中，喜欢让自己"背锅"的人还真不少。当有人喊："咦，我的笔不见了！"一定会有人很快回复道："你放哪里来着，我用过吗？"

　　没错，这就是擅长内疚推理的人，强大的责任心使他们时常陷入痛苦和自责，不管外界发生什么，他总能找到责怪自己的理由。

　　那他们是不是好的相处对象呢？还真不是。如果身边有一个习惯内疚推理的人，你每时每刻都得忙着解释和安抚他。如果你心平气和，也不过是费点儿口舌，但如果眼前的事情已经让你焦头烂额，那和有这样认知模式的人在一起，你会觉得非常耗神。

　　有责任心是好的，但不要过度。任何时候，问题出现时，与主动认错和承担责任相比，更重要的是坦然地面对问题，并想方设法去解决，这才是乐观的基础。

　　以上就是五种影响我们生活的悲观认知模式，很多人身上都或多或少有着它们的影子，不得不说，这正是痛苦的来源。

　　前文说过，要想变得乐观，必须有意识地去战胜内心的悲观，你可以参考以上五种方法，找到自己的悲观认知模式，然后一点点地做出调整。请记住，在调整过程中可能会有反复，但只要你真正意识到它们的危害并下定决心去调整，就一定能在实践中变得乐观。

认识乐观的拦路虎

虽然乐观是可以习得的，但实践的过程中并没那么容易。

在咨询中，我经常碰到受访者有这样的困惑：

那个信誓旦旦说要和自己白头到老的人最终转头走掉，就算自己什么都明白，一样会心有不甘；

费尽心思准备的事情却付诸东流，即便所有人都告诉自己要挺住，还有机会，自己还是会彻夜难眠；

当看到最爱的人因为我受到伤害，就算这不是我故意为之，还是会自责与难过；

伤害自己的人或者事已经过去很久，但每每想起，那份无助还是让自己难以释怀。

这就是乐观路上的困惑：我们似乎什么都懂，也渴望着乐观，可内心总有一个坎儿难以迈过。现在，针对这几个问题，我们来看看心理学上有关乐观的四个提醒。

归因风格

心理资本之父路桑斯说，乐观本质上是一种归因。

说起归因，没有人比心理学家伯纳德·韦纳更清楚，因为他提出了著名的"归因理论"。他的研究发现，人们通常把自己的成功或者失败归为六个因素，分别是能力高低、努力与否、任务难度的大小、运气好坏、身心状况好坏和其他因素，这里的其他因素是指他人与事情相关的部分。

而这些因素又可以归为三种特性，分别是内外因、稳定性、可控性。

内外因很好理解，就是归为自己或归为他人；稳定性是指这个因素是基本稳定的，还是处在变化中的；而可控性，是指个人能不能掌控这件事情的发展。具体的归因分析见下表。

表1　韦纳归因理论的三维度分析

归类因种	归类特性					
	内外因		稳定性		可控性	
	内因	外因	稳定	不稳定	可控	不可控
能力						
努力						
难度						
运气						
身心状况						
其他						

为了更清楚地说明归因理论，我们拿一个人的面试失败来举例。

第一个场景是，他说："哎，面试失败还是因为我没能力。"

他把面试失败归结为能力问题，很显然，这是内归因，而能力是相对稳定的，但能力并不是个人能轻易改变和控制的，所以属于不可控。在这个场景里，这样的归因就会让人很挫败，会对下一次面试充满焦虑，所以，这是一个具有悲观倾向的人。

第二个场景，他说："今天的面试官比较苛刻，不然我肯定没问题。"

把面试失败归结为面试官苛刻，这就是外归因；面试官因人而异，所以是不稳定因素；面试官不受求职者控制，是不可控的。这个场景里的归因，当事人就不会很难过，甚至觉得面试不通过是面试官的损失，所以这是一个具有乐观倾向的人。

我们再拿一个人获得业绩第一名来举例。

第一个场景是，他说："都是因为我运气好，刚好有很多客户有购买需求。"

他把获得业绩第一名归为运气好，这是外归因，而运气是不稳定因素，是不可控的。在这个场景里的归因，让人即使取得了成功也很难对自己有信心，对下一次能否获得好业绩充满不安，所以这是一个具有悲观倾向的人。

第二个场景是，他说："毕竟我花了很多时间调查这些客户的需求，有针对性地进行交涉，真是功夫不负有心人！"

　　这是把获得业绩第一名归为自身的努力，这是内归因，是相对稳定的，也是可控的。在这个场景里的归因，当事人会获得自信和自我肯定，并以这次成功激励自己，在之后的工作中以同样的努力去争取业绩。

　　这是几个有些极端的场景，结合归因表以及这几个场景，你就会发现，具有悲观倾向的人有两种表现：面对负性事件时，他会从能力、特质、努力程度等相对稳定的因素入手，把坏事进行内归因；而面对良性事件时，他却很容易从运气、他人等偶然因素入手，把好事进行外归因。相反，一个具有乐观倾向的人，面对负性事件，习惯归因为他人等外部因素或者自己的运气；而面对良性事件时，他会归因为自己的能力和努力程度。

　　到底哪一种更好？其实，这两种都不是最完美的，真正的乐观是既不消极悲观，也不盲目乐观。最好的状态是保持平衡。

　　那要怎么做呢？你可以使用这个归因表去分析眼前发生的事情，从各个方面做出分析后，再从最能掌控的部分入手，去改变和提升。

相关不等于因果

　　心理学家卡尼曼教授研究发现，我们的大脑有两个系统，一个是慢系统，一个是快系统。慢系统偏理性，而快系统偏感性，感性的快系统习惯对事情进行因果关联。

比如晚上因胃不舒服而呕吐，你想到中午吃过一根香蕉，你猜会发生什么？没错，你会把香蕉和呕吐关联在一起，甚至会说："我不能吃香蕉，会吐。"但这并不一定是事实，呕吐的原因有很多，香蕉可能是其中之一，但不是唯一因素。

所以，相关不等于因果，有些因素彼此是有关联的，但不是因果关系。

比如研究人员晚上让男生做测试题，早上让女生做测试题，结果显示女生的成绩远超于男生。研究人员可以说性别、测试时间影响测试成绩，但不能武断地说，因为测试时间不一样，所以结果不一样，也不能说差别是由性别造成的。

只有减少有关因果的判断，我们才可能会更乐观一些。

比如一对夫妻，因为刚生二胎，婆婆过来照顾，在这段时间里，夫妻两人经常吵架，于是妻子说："自从婆婆来了之后，我们总是吵架。"

我问她："你觉得二胎的到来会影响两个人的相处模式吗？"她说："会。"

我又问她："抚养两个孩子的压力、夫妻相处时间久等因素有没有可能影响婚姻？"她回答："有。"

可见，吵架的原因并不仅仅是婆婆的到来，但一旦把吵架和婆婆到来之间画上等号，就会做出有失偏颇的评判。

如果我们经常把相关的事情直接看作因果关系，就会遗漏其他因素。不管是正向因果关联，还是负向因果关联，若不能有效掌握所有的因素，其结果只能是悲观的，问题的解决更是无从谈起。

所以，我们要常常问问自己："我是不是错把相关当成了因果？"

过程满意和结果满意

过程满意和结果满意这两个概念，是由积极心理学之父赛利格曼提出的。所谓过程满意，就是不管事情是成功还是失败，都能看到过程中的进步；而结果满意是只在乎结果是好还是坏，完全忽略过程。

举个例子，一个爸爸带着儿子去踢球，孩子踢了很久，但一个球也没进，而身边的小伙伴都进过球。

孩子垂头丧气地说："爸爸，走吧。"

爸爸看出了孩子难过，想要安慰孩子，于是他们有了这样一段对话：

爸爸："儿子，你踢得特别棒！"

儿子："可是我一个球都没有进。"

爸爸："那你在爸爸眼里也是最厉害的。"

儿子："爸爸，别说了，走吧。"

为什么他们的聊天草草收场，甚至儿子还有些不耐烦呢？问题在于爸爸没有理解孩子真正的问题。

这是个结果满意的孩子，只要结果糟糕，他就会否定一切，但爸爸没有意识到这一点，只是一味地夸赞孩子，所以，孩子一点儿都高兴不起来。作为家长，我们要从过程满意的角度来支持孩子，问他是不是尽力了？和小朋友踢得开不开心？有没有什么收获？这样一来，孩子才会关注过程，而不是紧盯着结果。

很多孩子有一个很大的心理障碍，就是抗挫力弱和怕输，如果父母多跟孩子培养过程满意的思维，孩子的乐观水平就会提升，抗挫力自然也会加强。

我们要学会从过程满意的视角生活、工作和学习，这样一来，乐观就会离我们越来越近。

受害者和受害者思维

受害者是让人心疼的，但"受害者思维"是糟糕的。

每个人都经历过一些糟糕的事情，但能够发现受害者这个角色，才是我们改变的开始。在成长和改变的路上，我们很容易会犯一个错误，那就是养成受害者思维。

我有这样一个来访者，她在咨询中最常说的话是："这让我想起我妈对我的方式，真的太糟糕了，我根本就没有力量反击。"

这个女孩频繁更换工作，一旦与领导想法不一致，她就想要逃离，而方式就是辞职。在人际关系中，她也遇到了一些困难，比如她喜欢大包大揽，承诺朋友们很多事，但是最后做不到；每次约定好时间见面，她总是拖上几天；答应给别人准备的东西，转眼就忘了，或者在最后的节骨眼上慌慌张张地完成。

对此，她的解释是妈妈以前总是指责她，她习惯了讨好，所以，她总是会压抑自己的真实想法来迎合别人，到头来才发现她根本做不到。

她对妈妈一顿抱怨后，委屈得哭起来，我知道她有很多难过的经历，但我还是会问她两个问题：

第一，面对这样的结果，你可以做点儿什么吗？

第二，你想要的是什么？

她一般要在我问到第三、四遍时，才会给我一个回答。更多的时候，她都沉浸在讲述中。

女孩是受害者，这是毋庸置疑的。从小被送到舅舅家生活，她很懂得看身边人的脸色，这是影响她的原因，但让她没法儿摆脱困境的是她的受害者思维。

人一旦沉浸在受害者思维里，焦点更多的就不在眼前要解决的事情上，而在于对发生的这件事做出解释。

这样一来，就会陷入事情做不好—讲述不幸—继续做不好的恶性循环，如果拿捏不好度，挫败的经历会一再出现。

就像心理学家阿德勒所说，你不是从小受到父母指责而做不好眼前的事，是做不好眼前的事的你需要被父母指责这样一个理由。[1]

无论如何，我们都要记住，乐观不是一个结果，而是一种选

---

[1] 岸见一郎、古贺史健，《被讨厌的勇气》。

择，我们不能沉浸在导致事情发生的过去的原因里，对成长和幸福的渴望意味着我们要面向未来，去获得想要的结果。

　　乐观习得之路并非一帆风顺，但有了这四个心理学提醒，你会更加了解乐观背后的真谛。接下来的内容里，我们将一起从关系的角度探索和培养乐观。

别让 10% 的不幸毁掉 90% 的生活

　　下面，让我们从社会心理学的角度来说说乐观。

　　美国社会心理学家费斯汀格在 1959 年曾获得美国心理学会授予的杰出科学贡献奖，而他最被世人熟知的就是"认知失调理论"。这是指每个人都有自己的认知系统，而认知系统又由很多认知元素组成，这些认知元素之间有三种关系，分别是不相关、协调和失调。

　　当生活中发生一些事情时，我们就会从这三种关系来做出反应，比如"我是一个坚强的人"和"今天天气真好"是不相关关系；"我是一个坚强的人"和"我把这些都当作生活对我的考验"是协调关系；"我是一个坚强的人"和"我今天哭了"是失调关系。

　　生活里的苦恼和悲观大都来自认知失调，比如一个认定自己坚强的人，会把偶尔的哭泣当成不应该发生的事情，烦恼也就随之而来。

　　那我们到底要怎么做呢？当了解认知失调理论后，相信你就会觉得乐观和悲观的决定权在你自己手里。

关于认知失调

人在处于认知失调状态时会产生很多压力，而这些压力会促使你采取行动来缓解，以达到一种平衡，所以你会做出判断，并用行动去支持自己的判断。

但认知失调理论发现，失调只是暂时的，在一定时间或者一定的经历后，失调就会变为协调，而先前的判断和行为可能只是一时冲动。

前段时间，网络上出现了好几个热点新闻，其中一个与高考被顶替有关，一开始，网友们一片愤怒，纷纷同情当事人，认为当事人是被伤害的学霸。但最后，政府部门出面调查发现，虽然被顶替是事实，但当事人也说了谎。于是，大家对当事人的同情变成了批判。

为什么刚开始网友义愤填膺，但最后却又随着情节反转，开始批判呢？现在，我们不讨论真假，但从社会心理学角度来看，这就是"集体认知失调理论"的完美演绎。

认知失调深受信息是否空白、群体压力大小和自尊水平高低的影响。

就拿这个新闻来说，学霸和被顶替两组反差鲜明的词放在一起，我们很容易做出判断。加之信息不足，我们就特别容易进入感性频道而非理性频道。这时就会很快出现认知失调，人们会做出各种举动来平衡内心的那种情绪。但随着调查和一些真实证据的呈现，人们开始变得理性和客观，认知就从表面上的协调变为真正的协调。

集体尚且如此，个人更不必说。

比如，你并未提前告知就去公司准备接伴侣下班，不料，看到对方和异性同事有说有笑，想想看，你会做出什么样的反应？

就算不当面拆穿，我想很多人的内心都会翻江倒海，不断回忆以前相处时的问题，或者干脆想到分手，等等。接下来的冷战或者争吵自然也免不了，这就是认知失调对我们生活的影响。我们会因为一些信息的出现，就做出情绪化的判断，然后经过加工，甚至添加无中生有的猜测，直到关系破裂。

但这是生活的真相吗？

费斯汀格的10%法则

基于认知失调理论的研究发现，生活的10%是由真实发生在你身上的事情决定的，而90%是由你对事情的反应决定的。

为了更好地理解，费斯汀格举了一个例子。卡斯汀是一位父亲，早上洗漱时，他把手表放在洗漱台上，妻子担心手表被水淋湿，就放到了餐桌上。

吃早餐的儿子一不小心把手表弄到了地上，很不幸，手表摔坏了。一气之下，卡斯汀打了儿子，转头又骂了妻子。

妻子很不服气，两个人吵了起来，愤怒中，卡斯汀饭也没吃就直接去公司了。快到公司时他才发现，自己把公文包忘在了家里，只好回家去取包。

但妻子和儿子已经出门，没有钥匙的他只能给妻子打电话，妻子着急往家赶，不小心把一个货摊撞倒，赔了一笔钱才了事。

卡斯汀终于拿到公文包，但上班却迟到了，上司狠狠地批评了他。手表摔坏了，打了儿子，和妻子吵了架，被上司训斥，卡斯汀的心情糟糕至极，结果，只因意见不合，他又跟同事吵了一架。

儿子和妻子也没有好到哪里去，儿子因心情很差，在棒球比赛中发挥失常，惨遭淘汰；妻子因迟到被扣除了当月的全勤奖。

根据卡斯汀法则，真正影响生活的10%是手表摔坏这件事，而后那糟糕的90%都与这10%相关。试想，如果手表摔坏后，妻子主动道歉，卡斯汀表达难过后，原谅了儿子，这可能依然是一个开心的早上，是一个充满活力和快乐的一天。但很遗憾，这最关键的10%控制了他们一整天，影响了三个人的生活和工作。

这样的事情在生活中很常见，我们总以为是糟糕的事情一件接着一件，其实，真正糟糕的事情带来的影响往往很小，是我们的反应无限放大了这份影响。

虽然你无法改变那10%，但你有足够的能力决定接下来的90%。在咨询中，每当听到来访者说："他那么差劲，凭什么跟我过不去？"我都会告诉他："是你给他的'光环'！"

很多时候，不是那件事有多么难以解决，而是我们把一个不能再普通的东西放在了一个高高的位置上，所以才焦虑、紧张和害怕。

别被你生活里的10%左右，努力过好那90%的生活吧！

如何走出认知失调

对认知失调理论的学习，是我们生活中必不可少的。

从大环境来说，如今互联网高速发展，各种各样的信息在最短的时间里出现。然而，在保证时效性的同时，真实性和严谨性就会大打折扣。毫无疑问，这就是我们的生活。

从个体来说，生活节奏变快，人们变得匆忙而焦虑，信息沟通又越来越虚拟化、便捷化，信息不全面导致的误会也变得越来越多。

那我们究竟要如何利用认知失调理论，把负性事件的影响维持在10%以内呢？

第一，完善信息加工，增加新的认知元素。

不管多么醒目的信息出现在眼前，都不要过于着急地去判断和行动，而是试着等等有说服力的证据和权威的意见。

只有信息足够多时，我们的信息加工才会更乐观，也更客观。

第二，让个人态度回归客观。

很多时候，让你感兴趣的根本不是眼前的信息，而是你内心的感受。

比如，当社会新闻提到弱势群体受到伤害时，你会第一时间听信自己的感受，认为他们是无辜的受害者，而不是去了解事情的来龙去脉。

所以，当一种强烈的感受出现时，先不要去做决定，这很可能是情绪刺激带来的判断，你依然要对新信息保持开放的态度，去看看这件事情还有哪些视角，或者问一下身边比较信任的人，当然，如果能和当事人确认是再好不过的了。

第三，保持自我责任意识。

对自己负责不只意味着为自己的感受去做事，也意味着对自己的行为可能产生的后果负责。

尤其是在群体中，我们很容易去做一个跟大家一样的决定，因为这样会被接纳，也会觉得舒服，但多数人的意见并不代表它是正确的。

不管是在群体中，还是在个体关系中，我们既要听听内心感性的声音，也要听听内心理性的声音。

其实，认知失调理论的核心在于失调只是暂时的，只要你保持足够的理智，采取必要的行动，认知就会自动进入协调状态，你也就无须为情绪困扰而烦恼，也无须采取过激行为。

总之，人生没有那么糟糕，任何事情也没有你想的那么严重。所以，不要被已发生的10%的事所掌控，而要试着让这10%只留在这个区间里，然后去打理好剩下的90%。

时刻告诉自己："任何事情对我的影响，也不过只有10%而已，剩下的90%都掌控在我手里！"

高质量亲密关系的三大法宝

"恋爱的最佳状态是什么样的？"

这是个很难回答的问题，但我曾看到一个在我看来很完美的答案，回答者分享了这样一件事：

自己和男友逛完街，累到不行，两人进了一家火锅店，准备大吃一顿，但看了昂贵的菜单后，两人默契地相视一笑，女孩找了个借口和男朋友逃离了。

从火锅店出来后，他们互相嘲笑对方。回答者写道："谁也没觉得掉价，也没有觉得难堪，就是牵着手哈哈大笑，我们就像两个大傻子。"

没有互相抱怨，更没有谁打肿脸充胖子来维护所谓的尊严，这样的感情多么纯粹。

这家火锅店对他们来说或许是奢侈的，但我觉得，真正奢侈的是他们的关系，这就是高质量恋爱的样子，舒服、自然而轻松。

但反观现实，多少人对爱失去信心，又有多少人在爱里迷失，究竟是爱变了，还是我们偷懒了？

曾有学者以大学生为对象进行调查研究发现：安全感、幸福感和归属感之间是可以相互促进的，而当三种成分融合在一起时，恋爱更容易走进婚姻。

可见，一段高质量的恋爱一定有安全感、幸福感和归属感，就像有人说的，我们都做了最真实的自己，而又刚好相爱。

爱与依恋

在谈及如何打造高质量恋爱之前，我想先说说爱。

毫无疑问，爱源于依恋，其最初的模型就是婴儿对妈妈的渴望。在最早的依恋关系中有三种类型。

第一，回避型。

孩子和妈妈很疏远，妈妈离开或陪伴，孩子都没有太大反应。

第二，抗拒型。

孩子无时无刻不黏着妈妈，妈妈只要离开或者做点儿其他的事，孩子就大哭大闹。

第三，安全型。

这种孩子会扑在妈妈怀里，也会跟小朋友撒欢地玩。妈妈离开，他会哭，但不会哭个没完。

你觉得哪一种更好？毫无疑问，是第三种。爱情也一样，有的人对伴侣很冷漠；有的人喜欢 24 小时和伴侣腻在一起；有的人与伴侣互相独立，而又彼此吸引，这不正是孩子和母亲依恋关系的延续吗？

而我们所说的高质量恋爱就是第三种——安全型关系。恋爱要想长久且深情，就必须包含三个方面：幸福感、安全感和归属感。

通俗地讲，就是在一段关系里，既可以体会到爱，又愿意倾心付出；既可以在对方怀里毫无顾忌地展现脆弱，又可以独立地拥抱孤独；既可以预测未来所有的不好，又依然愿意追随和陪伴对方。我认为，这样的状态是"我们式"的爱，开心、独立，而又强烈地想要和对方在一起。

有人说"他对我很好，但我却看不到未来"，这是一份幸福感很强而安全感和归属感不足的爱；也有人说"他老实本分，能挣钱，可是面对他，我却体会不到温情"，这是一份安全感足够却幸福感不足的恋爱。

可见，一段好的感情，虽然三种感觉可能不是均等的，但是缺少任何一个都不能尽兴。幸运的是，安全感、幸福感、归属感，都是可以培养的。

爱与被爱的能力

"恋爱最好的状态是看谁都很可怜。"一位军事学博士在他的情感课上这样说。一时间，这句话在各大网站引发热议。

的确是这样，恋爱状态会使人分泌多巴胺，让人产生很多积极乐观的体验，就会看谁都顺眼，哪怕是面对路边的花花草草和平日里看不惯的人和事，都让人想要伸出援手。那感觉就像，虽然只是拥有了一个人，却像是有了超能力，想要去拯救世界。这就是幸福感在"作祟"。

心理学家罗兰·米勒将人际吸引的底层逻辑描述为一种奖赏。爱情作为人际吸引最强烈的形式更是如此，可能是一份赏心悦目的视觉感受，可能是一次温柔的关心和在乎，还可能是一次精心的陪伴。总而言之，这样的奖赏就是幸福感的来源。

仔细想想身边那些陷入热恋的人，他们忽然就爱收拾自己，对什么都感兴趣，而且特别好说话，似乎什么都不计较。

这就是恋爱里的幸福感。

试着去反观自己的爱情，你会不会总是不自觉地想起与对方在一起时的点点滴滴，一想起就忍不住发笑，而且特别想为对方做很多事。如果是，那就是爱与被爱的潜力被激发了。

幸福感于感情而言，是催化剂，是保鲜膜，总能让平淡无奇的日子大放异彩。

所以，要想保持亲密关系的美好，我们就要学会增加幸福感，可以是不定期的小惊喜，可以是一次恰到好处的告白，也可以只是一个紧紧的拥抱。

当幸福感充足的时候，人就会进入安全感储备状态，而有了安全感，一段恋爱才会开花结果，才会开始谈婚论嫁，这也是高质量感情的第二层。

彼此独立的安全感

某明星曾出过一本书，她在书中讲述了自己的亲密关系：两个人会一起逛街，一起看电影，一起去咖啡店；而回到家后，他们会一个往左走，一个往右走，走进各自的房间。对此，互相都不需要解释，也不用担心对方生气。

他们的爱里没有"绑架"，不说"你应该"，这就是美好而独立。

所以，不管是男人还是女人，如果在一段感情里始终小心翼翼，患得患失，需要不断地去求证或被求证，那都不是最佳的恋爱状态。

因为有索求的地方总会长出失望，毕竟岌岌可危的安全感就算不在这里爆发，也会在那里滋长，矛盾的发生只是时间问题。

一份坚定的安全感不仅可以反过来提升幸福感，还可以滋生归属感，就是那种强烈地想要和对方一起生活的坚持和勇敢。

同甘共苦的归属感

马斯洛需求层次理论指出，当满足了基础需要和安全感，人就会产生爱和归属的需要。

朋友小星选择和谈了四年的大学男友分手，和高中同学结婚。她说大学男友可以不露痕迹地说着甜言蜜语，给了她关于浪漫的所有想象，青春在他的陪伴下总是格外美好。但是毕业在即，他要出国，还和一个曾经追求过他的女孩合租了。小星表示，那一刻她才发觉，这份爱让她总是毫无缘由地惶恐不安。她说："这份爱像极了风筝般的追逐，是飘在天上的感觉，浪漫刺激，但不踏实。"于是，她放手了。

而现在的老公会因为她晕车，就不顾一天的疲惫陪着她走路回家而毫无怨言。虽然他极少说甜言蜜语，却毫不含糊地给她买喜欢的东西，督促她早起运动，监督她吃早餐，交往两年以来，无一日例外。她有了家的渴望。如今，两人已经有了两个宝宝。

人就是这样，过了一定的年纪，轰轰烈烈总要归于平淡，而总有一个人，让你想要停下来。

这就是归属感，明知对方没有那么浪漫，也没有那么多的财富和追求，但是他支撑起了你对于一个家的信念，平凡如小溪流淌，静谧而柔和。

一段成长型的感情需要有归属感，但并不是所有的"我"和"你"走到一起就是"我们"，真正的"我们"拥有幸福与当下的平凡，拥有内心最深处的安定和一起行走天涯的果敢。

如果说幸福感决定你想靠近谁，安全感就影响你敢爱上谁，而归属感让你清楚你想属于谁。一段好的恋爱大抵就是"你不够好，我也是"，但是我们却可以一起肆无忌惮地笑，义无反顾地前行。

愿每一对相爱的人都有勇气相守，愿每一对相守的人都有心继续相爱。

做积极的乐观主义者

　　一档与"30+"女性有关的综艺节目掀起了收视狂潮，而我也是忠实粉丝之一。

　　我很喜欢宣传语里的一句话：青春从来不缺位，也不让位，让自信归位。

　　来到节目的明星们都是"30+"的女性，有人是炙手可热的当红偶像，有人曾经红极一时，有人三十几岁依然默默无闻。抛开节目效果，在舞台上，她们都展示出了很精彩的一面，唱跳俱佳，勇于挑战。

　　在现实生活中，30岁对女人来说，到底意味着什么？

　　姐姐？中年女性？为人妻母？似乎是，但又不全是，这个年龄段的女性真的很特别。

　　她们会思考事业是否还有上升空间，会在意别人对自己的评价，会在意生理的变化，也会对未来、对责任有着深刻的反思和纠结。

我看过一个采访，一个主持人说到自己事业平平又单身时，忍不住哭了。很多网友称她为"委屈公主"，甚至有人调侃："都35岁的人了，哭什么啊？"

35岁的女人，为什么不能哭？这问话很冷血，但也很现实。生活中，我们常常听到"你都三十好几了……""我35岁必须结婚""我35岁必须生孩子"等话语。

对年龄介意的不只有外界，包括"30+"的女性自己。这到底是为什么？"30+"的女性到底要怎样生活才最好呢？

如果硬要给个答案，我想，那就是做个积极的乐观主义者，直面现实，又心怀希望。

现实而悲观

社会最残忍的一面，在于给我们每个人约定俗成了一些标准。

30岁必须结婚生子，40岁就要有车有房……如果没有实现这些"标配"，七大姑八大姨就会热情地提醒，这让人不禁自问："除了变老，我怎么什么都没有？我错了吗？"

朋友秀秀就遇到了这些问题。

她是一个34岁的单亲妈妈。三年前丈夫出轨，她带着儿子离婚了。

刚离婚那会儿，亲朋好友都安慰她："你年纪轻轻，人又漂亮，咱慢慢找个好的。"但三年之后，大家话锋一转，对她说："你都

34岁了，还带着一个儿子，差不多就行了。"

年关将近，父母更是软硬兼施地劝说。在电话里，她泣不成声地问我："说实话，你觉得我还有希望吗？"我知道，她陷入了焦虑和自我怀疑中。

不得不说，"30+"的女人的价值观里大都多了一份悲观，开始思考"我究竟是谁""我是谁的谁"，虽然她们在人前都能独当一面，但崩溃时悄无声息。

我曾经在一档综艺节目里看到，35岁的女明星，因感情和事业的不顺而流泪，弹幕里满是"可怜"的字眼。看她临睡前拼图，网友们又直呼"心酸""孤独"。

不知道这应该解读为善意还是过于敏感，但毫无疑问，这样的社会反馈会让当事人慢慢认同一个信念——"我很可怜"。

一旦有了这样的认同，人就会将其辐射到自己的一切，然后像外界那样去否定自己。

这位女明星其实很优秀，她主持着非常好的娱乐节目，但她依然选择去认同外界的批评——"你是最没有长进的那一个"。

说到节目被砍，她说："好几个主持人，就砍掉我的，那我就是最差的那一个。"

听到这里，我忍不住跟着她难过。在这个年龄，单身的她就像一个在社会期待面前叛逆的孩子，随处可见的指责让她在小事里捕风捉影，把自己否定得一无是处。

她甚至不敢转发节目的宣传，因为觉得自己做得不够好，哪有脸面转发。

她一方面想要找一个爱的人，另一方面又担心结婚生子会影响她的职业生涯。有人说，她想得太多了。其实，现实很多时候比想象中还要残酷。

这就是一个35岁的女人，不敢输，不敢弱，小心翼翼地试探着，前行着。

总之，"30+"的女人，经历越来越多，能力也越来越强，她们更加现实、理性和自我。加之外界给出的那些"应该"的角色期待，她们的悲观，确切地说是现实。

悲观里埋着乐观

不同于年轻人，"30+"的女人不再那么任性，所以，崩溃大哭后，她们会尝试着破涕为笑，这就是独属于这个年龄段的成熟。

就像有句话说的，"希望总在绝望中诞生，在半信半疑中成长"。

前面说的朋友秀秀就是这样，离婚一度让她躲在家里不肯出门，但一番暴瘦和挣扎之后，她还是在老家找了工作。

从一个全职妈妈到公司的行政文员，只有她知道这其中的艰辛，但她都咬牙坚持。其他年轻的同事可以任性地偷偷溜走，而她总是最晚下班的那个。

她的努力、仔细和认真打动了人事经理，40岁的经理或许是感同身受，又或许是看到了秀秀的努力，无论如何，人事经理拉了她一把，把她推荐到了新公司，做了总经理助理。如今，秀秀手底下有5名员工，事业蒸蒸日上。

再见她时，我简直不敢相信，她好像回到了二十几岁时，扎着马尾辫、画着精致但更浓重的妆容，真的很好看。但我知道，这份好看里有一股向上的劲头。

就这样，悄无声息的崩溃过后，她像从未摔倒过一样爬了起来。

这也是"30+"的女人，一旦把精力放在自己身上，她们总是最懂自己，又最能把自己的能力发挥到极致。

有一位女演员，我平时对她了解很少，但她在TED上的演讲却让我很惊讶。

流利而标准的英文发音，大方又得体的表达，让她获得了一致好评。她的朋友说，她利用拍戏间隙的时间来学习英文，每天坚持7点起，自己做早餐。

明明怕虫子，身体素质也并不出色，但她却加入野外求生的活动，抓老鼠、吃昆虫。

朋友问她的择偶标准是什么？她干脆而坚定地说："我要找那种看过世界的人。"有人评价说："这是一个看过世界的女人才有的择偶观。"

是啊，这就是"30+"的女人，悲观背后总有一份坚定的乐观，如果焦虑和恐慌没有打倒她，那就会让她成为一个更好的人。一旦她们接纳当下，决定走出自己的舒适区，让她们停止向上还真不是件容易的事。

做积极的乐观主义者

不管现在的你经历着什么，都一定要清楚，无论何时，束缚你的都不是你的角色，而是你对自己的角色定位。

一个朋友，三十出头时，每天都很焦虑。她承担着家里大部分的开支，还要补贴哥哥买房。

她还没结婚，叔叔跟她说："我觉得你很可怜，你真让我心疼，你爸妈愁得睡不着，找个人结婚吧，姑娘！"她以为自己是爸妈的骄傲，没想到却被当成可怜的人。

因为喝了点儿酒，她哭着说："从一无所有到现在拥有这么多，我以为自己在爸妈眼中还可以，原来摁倒我，只需要未婚这一个理由。"

要强的她，开始逼着自己和一个条件不错但并不喜欢的男生相处，她明确告诉爸爸：年底领证结婚。

但三个月后，他们还是分手了。她说，每一次逼着自己跟男生接触时，内心都好像有一个声音在跟她说："你真怂！"

分手后，她消沉了很长时间，不愿意联系家人，不愿意工作，整个人都十分消极，还一度抑郁。

后来，她干脆辞职，用了半年的时间去全国各地旅行。后来，她在香格里拉和其他人合伙开了客栈，如今已经开了3家。

虽然她依旧单身，但如今的她再也没有被谁束缚，重要的是，她活成了自己最想要的样子。

维奥拉·戴维斯说："不要过他人的生活，不要盲目认同别人的定义，做女人就要做自己，你内在的一切就是你作为女人的身份。"

的确，不管社会赋予我们什么样的角色，又有什么样的期待，能够胜任这些角色的前提是照顾好自己。否则，我们只会呈现给世界一个拼凑的自己，表现着不稳定的情绪、不自信的样子和不定时的自怨自艾。

网络上有个问题："几岁是最好的年龄？"

有人回复道："二十出头，刚毕业，一无所有，全世界都知道这是最好的年华，只有我不知道。"

我看完不禁心头一颤。是啊，三岁左右的孩子盼着长大，十几岁的孩子盼着成年，二十几岁的人盼着成家立业，但三四十岁时，却开始怀念儿时的简单。

可见，年龄不是焦虑的根本，我们最好的年龄就是当下。30岁或许带来了生理上的变化，但同样带来了丰富的阅历。

"30+"的女人们，做一个积极的乐观主义者吧。在这里，我想给你三个小建议：

第一，接纳年龄带来的生理变化和情绪变化。因为凡是你抗拒的，都会让你痛苦。

第二，停止问自己"我没有了什么"，多问问自己"我有了什么"。

第三，做你想做的事。焦虑不过就是想得多，而做得少。

　　年龄不是你的敌人，你的想法才是。所以，试着接纳自己的焦虑和恐惧，然后去拥抱它，你会有意想不到的惊喜。

　　愿你在年龄面前"瓦上四季，檐下人生，岁月斑驳，安之若素"。

你需要什么样的乐观

所谓乐观，就是对当前和未来的成功做积极归因。乐观不只是一种认知特征，它还有内在的情绪和动机成分。

那我们需要的乐观是什么样的呢？

答案是"灵活的乐观"。简单来说，就是不过分乐观，也不过于悲观。

如果你还是不清楚，那这样一句话可以回答你："当生活给了我柠檬，我就用它做柠檬水。"这就是所谓的"灵活的乐观"。

仔细想想，一个人很难乐观的情景有四种：沟通时、消极情绪到来时、维护关系时，以及进入悲观状态。下面，我们就来看一看具体的应对策略吧！

积极主动式回应

我们先来看一件生活中常见的事情，你可以试着代入妻子的角色。

下班回到家，老公对你说："跟你说，媳妇，我升职了，还涨了500块钱。"你会做出怎样的回应呢？大概有以下几种回应：

第一种："好消息啊，你早就该升职了。"

第二种："那岂不是要担很多责任，晚上回家更晚了吧？"

第三种："别乐呵了，赶紧洗手吃晚饭吧！"

你觉得哪种是积极主动式回应？在生活中，你最常有的回答又是什么？

其实，这三种都不是积极主动式回应。

第一个回答是一种认可，但停留在理性的层面，更多的是对结果的理性推断。我们叫它积极被动式回应。这种回应方式的坏处在于，它会让说话人的兴致大减。

第二个回答更关注事情糟糕的一面，说到升职，妻子想到的是随之而来的责任或加班。我们叫它消极主动式回应。它的坏处在于会让说话人的心情从喜悦变烦躁。

第三个回答只关注自己，丝毫看不到对方。直白点儿说，这样的回应是一种忽视，不仅让人很扫兴，一旦类似的回应增多，关系里的沟通也会越来越少，因为没人愿意和一个忽视自己的人对话。我们称它为消极被动式回应。

那什么才是积极主动式回应呢？我们来看这样的回应："你刚说你升职了？还加薪了？哇，这是我最近听到的最好的消息，太为你骄傲了！什么时候说的？你当时什么反应？我们赶紧庆祝一下吧！"

没错，这就是积极主动式回应，听的人会充分调动自己的情绪和对方共享这份喜悦，并引导对方重温当时的细节和感受，最后还用仪式化的行为来为对方祝贺。

可能有人会说这太复杂了，其实很简单，这种回应方式包含四个技巧：一是复述对方说的话；二是表达自己的感受；三是帮助对方回忆当时的感受和细节；四是回应对方你对此事的看法和行动。

积极主动式回应的核心是真心在乎对方的感受。

消灭消极情绪

要想乐观，就必须过消极情绪这一关。

所谓消极情绪，说白了，就是那些会让你压力变大、身心都不舒服的情感体验。当消极情绪出现时，你的身体会出现很多生理反应，比如紧张时的浑身冒汗，害怕时的心跳加速，愤怒时的咬牙切齿，等等。

但消极情绪并不是敌人，正因为有了消极情绪，我们才会在感到害怕时求助或逃跑，在感到愤怒时反击或远离。可是，我们要怎样做，才能不让糟糕的情感体验影响我们的身体健康呢？

答案是像狙击手一样消灭消极情绪。

你知道吗？狙击手在训练开出关键一枪前，他大概会用60小时来准备，也就是先用24小时来确定合适的位置，再等待36小时才会开枪。

为什么找到位置却不出手呢？等待的36小时到底做什么？事实很单调，也很残酷，36小时的时间里一直准备着，不能睡觉。

没错，就是让身体熬到极限状态，射击动作就是在这个时候进行。

是不是很奇怪？这是因为，一名出色的狙击手，必须能在身体状况最糟糕的情况下，正常甚至超常发挥自己的狙击能力。如果他能在身体状况这么恶劣的条件下完成任务，他才更有可能在正式执行任务时，在关键的时候开出关键的一枪。

可这和消极情绪有什么关系？简单来说，就是放弃一切借口，用意志力去直面和克服它。

当然，消极情绪到来时，人的行动意愿会降低，对什么都没有兴趣。但越是这个时候，我们越要像狙击手一样去看到这份艰难，使出浑身解数，坚持平时的作息，正常吃饭和运动。

这样的坚持就好比拉着一辆熄火的车前进那样艰难，但一旦你熬过这个阶段的心理和生理考验，你的情绪意志力就会大大提升，整个人也会进入全新的自我意识状态。

这正是尼采所说的："所有打不倒你的，终将让你更强大。"

洛萨达比例

洛萨达比例由心理学家马赛尔·洛萨达研究所得。他研究发现，不管任何东西，当积极部分和消极部分的比例小于2.9∶1后，就会出问题；当积极情绪和消极情绪的比例大于2.9∶1时，人会进入很积极的状态；当积极情绪和消极情绪的比例提高到5∶1时，人会进入一个极致的积极状态。

这些告诉我们什么？很简单，就是当你想要提出批评时，每说一句批评的话，就要有5句鼓励的话，否则，批评带来的很可能是关系的破裂。

举个例子，你下班回家，看到孩子正在玩游戏，想必会很恼火，首先想的是孩子有没有完成作业，但如果你直接说"你作业做完了吗？就在这里玩游戏"，大多数孩子会很反感。

一旦开始辩解或者指责，亲子关系必定受到影响，要么互相攻击，要么孩子选择逃避，结果都一样，问题没有得到丝毫的解决。

参考运用洛萨达比例，你可以在说出自己的疑问前，先说5句积极正向的话或者做5件正向的事，比如"宝贝，我回来了""宝贝，忙什么呢"，又或者给他倒杯水，再或者塞一个小零食到他嘴里，等等。

这样的铺垫会更有利于你们的沟通，而不至于伤害彼此的关系。

可能有人觉得这很烦琐，或者自己陷在情绪里时无法做到。那也不用担心，你还可以在一定的时间，比如一天、一周或者一个月里，将积极相处和消极相处的比例保持在5∶1，就算达不到，至少也要达到3∶1。

应对悲观的三步骤

前文说过，悲观是人的天性。也就是说，面对陌生的环境或者事情，人的第一反应一定是悲观的。

那要如何应对悲观的第一反应呢？先说这样一个例子。

我见过一对情侣，两人刚过热恋期，男生小刘就要去杭州工作几个月，趁着假期，女友小优想去杭州找男友，她兴高采烈地打电话过去，结果正开会的男友说："会后再跟你说。"

小优非常沮丧，更糟糕的是，等了一个下午，小刘也没有任何回复，实在忍不住的小优发信息说："其实你可以说实话，不想处就拉倒。"

结果可想而知，一顿争吵后，小刘觉得小优丝毫不理解他，太小题大做，小优则觉得小刘不在乎自己。

你遇到过类似的事情吗？谁都觉得自己没错，但事实是双方都很生气。在小优看来，男友根本就不想让她去杭州，男友现在根本就不爱她了。

我们要怎么帮助小优呢？其实很简单，只需要三个小步骤。

第一步，找证据。

所谓找证据，就是去找支持自己想法的证据。比如小优觉得男友不想见他，根本就不爱她。

那么用找证据的方法，小优需要确认的是，小刘亲口说了不想让自己去吗？或者小刘有没有说过不爱自己的话？

如果没有确凿的证据，那这个悲观信念就是破坏二人关系的罪魁祸首。

第二步，乐观探索。

寻找日常生活中与悲观信念相反的事情，可以是男友为小优做过的事或者说过的话。

总之，在这一步要做的是找到让事情看起来很乐观的证据。

借由这两步，我们的主要任务是找所有证据，既包含消极的，也包括积极的。

第三步，换角度。

这一步的任务是，去找到最好、最坏、最可能的念头，并用前两步找到的证据来进行验证。

拿小优的案例来说，最好的结果是小刘是为了给小优一个惊喜，所以假装冷淡；最坏的结果是小刘真的不想见小优，已经不爱她了；最可能的结果是小刘的工作有点儿紧急，所以没来得及给小优回复。

一旦这样罗列出来，你就会发现，最好和最坏的情况一般都不会出现，生活始终朝着最可能的状态发展。

其实，这三步也是冷却情绪脑、启动理性脑的过程，这样一来，我们就能客观地看待事实，减少悲观念头的影响。

以上就是打造乐观人生的四个策略，第一个是积极主动地回应；第二个是像狙击手一样消灭消极情绪；第三个是用洛萨达比例来处理人际关系；第四个是用找证据乐观探索和换角度思考。

当然，并不是越乐观越好，而是要善于平衡乐观和悲观，用理性和客观面对关系中的各种考验，做一个有弹性和有选择的人。

Trust

Yourself

Part ④

第四章

希望——相信一切会更好

希望背后的心理学真相

心理资本，究竟会给一个人带来什么？

如果只能用一个词来形容，那一定是希望。

积极心理学家彭凯平也说："在这个'丧'时代，积极心理学家开出的药方是希望感。"[1]

为什么希望感如此重要？那要从这个时代开始说起。《双城记》说得好："这是个最好的时代，这也是个最坏的时代。"我们都感受得到时代的好，物质丰富，科技发展，生活越来越便捷。

在这里，我想先说个小插曲。我一直认为采耳是属于成都的舒适，但好像一夜之间，在我居住的城市也开了好多家采耳店。带着好奇，我去体验了一下。舒缓的音乐，热情的工作人员，还有精心准备的小吃和养生茶，鞋子的高温杀毒服务……

---

[1] 彭凯平、闫伟，《活出心花怒放的人生》。

这就是我们这个时代的好的一幕吧！我们本该享受其中，但我在跟很多来访者的接触中，却真实地感受到了那种渴望而无力、好胜而挫败的感觉，他们的确拥有很多，但他们的苦恼也不少。

为什么我们拥有的越来越多，却越来越害怕未知和失去呢？能回答这个问题的就是心理资本——希望。

关于希望

在希望的研究中，心理学家斯奈德最富盛名。他说，希望是一种积极的动机性状态，这种状态是以追求成功的路径和动力的交互作用为基础的。

从心理资本的角度看，希望是指对目标锲而不舍，为取得成功，在必要时能调整实现目标的途径的品质。

不管是哪一种定义，希望都被分为三个维度：目标、路径和动机。

目标，是希望感的核心，就是一个人想要达到的境地和标准。目标的重点在于你清晰地知道自己想要什么，而不是应该要什么。很多人在目标维度遇到的问题是目标不合理，比如给自己设定了一个过高的目标，一旦没有达成或者执行起来有困难，就认定是自己运气差、太笨等。

路径，是实现目标的计划和方法，是希望感的指挥官，重点在于探索所有能够实现目标的方法。在路径上，我们最大的障碍就是只给自己一个选择，一旦某个方法不奏效，就认为事情一定不会成功。

动机，好比保持希望的发动机，是一个人制订目标并探索实现路径的动力系统。只有找到那个真正能够激发你的动机，你才会去执行目标和探索路径，也才有可能产生希望。

这就是希望，它不是凭空产生的，需要在目标、路径和动机三个因素的合作下才能产生。也可以说，只要目标、路径和动机出现问题，希望水平就一定会受到影响。

低希望水平

如果一个人希望水平较低，最常见的表现有四种：消极、拖延、退缩、好胜。

先来说说消极，我们前面说过习得性无助，你还记得那个被电击的小狗吗？即便没有任何电击，笼子也是打开的状态，但只要听到音乐，它依旧选择跪地号叫。

那就是失去希望的感觉，当一个人希望水平很低时，就像这个消极的小狗一样，不进行任何挣扎就认定自己毫无办法。所以，有消极表现的人，最常说的话是："都是命啊！""我一点儿办法也没有！""生活一点儿意义都没有！""我肯定不行！"总之，跟他对话或者相处，你会深刻地体会到绝望和无力。

接下来说说拖延。很多人拖延是因为抗拒要做的事而又不得不做，如果一个人对将要做的事情没有任何期待，他的身体反应就是拖沓的。这样的人最常说的是："那就做呗！""不做还能怎样？"一边说一边唉声叹气。

再来说说退缩。一个希望水平低的人，遇到事情最先想到的一定不是解决，而是逃避。比如很多成绩不好的孩子会跟父母说："倒数第一又怎么了？"说这话的孩子是真的不在意成绩吗？在我的情商课上，我发现，每个孩子都想表现得好，都想要别人的肯定和喜欢，退缩只是他希望感缺失的保护机制而已。

还有一种表现是好胜。看起来好胜似乎是希望感高或者很自信的人才会有的心理，其实，有些好胜不过是自卑的一种痛苦转化。有的人会认为，自己除了做最好的那一个以外没得选。这样的人会选择用说谎、虚张声势等手段去争取好的结果，表现自己好的一面，他们的霸道和固执有时候只是因为害怕承担不理想的结果所带来的失落。

你可能会发现，希望水平低的表现和自信水平低、乐观水平低的表现很像，没错，一个不自信、不乐观的人的希望水平不一定低，但一个希望水平低的人一定是不自信和不乐观的。

为什么人需要希望感

如今的人们"丧"在哪儿？我认为是能动性的被削减。

所谓能动性，说得直白点儿，是指人可以认识并改造客观世界的实践。但因为科技的进步，很多本来需要我们亲力亲为的事情都不再需要我们去做了。

拿谈恋爱来举例，以前，一对恋人要吃一顿好吃的，他们会筹划各种路线，走很远的路，甚至路上还要忍受饥肠辘辘；但如今，我们和一顿美食之间的距离只差一个手机。

仔细想来，曾经让一对情侣充满喜悦的真的是那顿饭吗？其实并不是。这其中起码有三种宝贵的心理资源：憧憬感、延迟满足感和创造感。

所谓憧憬感，就是两人一路上都会想这顿饭会有多么好吃，或者计划要吃很多很多；所谓延迟满足感，就是历经漫长路途、饥肠辘辘后吃到可口饭菜的满足感；而所谓创造感，就是从想吃一顿美食的这个念头开始，到两个人开始筹划，再到实际享用，这就是一个创造的过程。

可是，很遗憾，如今的便捷让我们足不出户就能享受到美食，也让这些身体力行的美好感受简单化，简单到你不觉得有什么好期待的。或许有人会说，和心爱的人吃一顿饭，就算不走很远的路，也会很幸福啊。是的，但想必这一餐的经历不会被你珍藏在记忆里，也不会让你久久回味。所以说，便捷的生活方式让我们的内心也变得懒惰了。

但主观能动性关系着一个人对自己改造这个世界有多大的勇气和信心，主观能动性使用得越少，人就越容易感到无助、迷茫和无聊。沟通虚拟化虽然让我们交流的频次变多了，但交流的深度却变浅了。

　　心理学研究发现，在一次有效的沟通中，肢体语言占55%，语气、语调占28%，而讲话的内容仅仅占7%。但在虚拟世界的沟通中，讲话内容是核心，肢体语言的比重少之又少。

　　如此看来，人们的内心之所以产生了"丧"，是源于精神层面的匮乏，源于内心的空虚。但不管怎样，只要你拥有了希望，这依然是一个好的时代。

　　诗人但丁曾说过："生活于愿望之中而没有希望，是人生最大的悲哀。"

　　你一定要相信，生活到底是好还是坏，决定权在你手里。

你的希望感，
你说了算

在心理成长这条路上，我们往往有这样的困惑：

第一，知道很多道理，也学习过很多方法和技巧，但还是做不好。

第二，是不是都是原生家庭的错？是不是都是天生的性格使然？

第三，做了很多改变，可是很不快乐，都是强迫自己去改变的。

不管怎么说，这都不是真正的成长，虽然它可能会带给你片刻的通透，但这样的状态就像是被一个网困住一样，即使能触碰到外界，但实际上根本没有挣脱出来，甚至成长到最后还会有这样的感叹："心理学根本帮不了我吧？！"

其实，这样的成长就像用学步车走路的幼儿，不管走得多好，他离开学步车后还是会一次次地摔倒，体验走路时身体的那份平衡，否则，他永远学不会走路。

同样的道理，心理成长这条路，要想充满希望地往前走，你不仅要了解知识，更要了解自己的身体。只有这样，才能内化为一个不用思考就自然出现的行为。

下面，我们就说点儿烧脑的理论，从神经递质、大脑结构两个部分来了解我们的身体、心理与大脑，你会知道为什么你的心理会有波动，你也会知道如何让心理感受更好。

神经递质

神经递质就像我们身体的信使，传输着很多包含身体感受的信号，促进着身体各个器官之间的互动，再把这些信号加工之后传递给大脑。

简单地说，神经递质可以理解为身体分泌的物质，能够让人产生各种各样的感受。换句话说，通过调整神经递质的分泌，可以实现平衡或者掌控身体的目标。

从身体感受的角度，我们常见的神经递质有五种，分别是肾上腺素、多巴胺、内啡肽、血清素和催产素。

先来说说肾上腺素。当人经历兴奋、愤怒、紧张等强烈情绪时，它就会增加，会让人呼吸加快，血液流动加速，反应变快。好的一面是，它会让身体处在一个高唤醒状态；但坏的一面是，它会让人陷入冲动。当人做出强烈的反应时，肾上腺素就会让身体处在亢奋的状态，此时更容易做出偏激甚至暴力的反应。所以，当你感受到身体变得激动时，可以告诉自己，肾上腺素在影响着你的身体。

说完肾上腺素，接下来我们说说幸福的四大神经递质：多巴胺、内啡肽、血清素和催产素。

多巴胺，是一种爱的激素，与欲望相关。如果要用一个相关的情绪来说明，那就是快乐。对于多巴胺，我们都不陌生，相恋的人会分泌多巴胺。要想多分泌多巴胺，你可以多做能带给你激情和动力的事情。

内啡肽，与其他激素不一样，它会带给我们痛并快乐的感觉。内啡肽会在一些压力或疼痛后出现，比如健身后虽然身体会疼痛，但同时会觉得很有成就感。因此，内啡肽会被当作止痛剂和镇静剂。可以试着给自己制订一些稍微有难度的计划，比如每天读10分钟的书，一旦坚持下来，你体内就会产生内啡肽。

血清素，英国剑桥大学莫利·克罗克特等研究人员认为，血清素有利于调节人的情绪，血清素高的人比较容易从挫败、抑郁和焦虑状态中恢复过来。有学者发现，男性分泌的血清素水平要高于女性，同样经历了吵架，女人还在闷闷不乐，男人却已经呼呼大睡。所以，血清素又叫情绪调节剂。

那要如何产生血清素呢？血清素在人感觉到意义和价值时就会分泌。方法很简单，多去感恩你所感受到的爱和关注，去看到自己的优势及成就事件，做一些让你放松的事情，试着付出爱。

催产素，顾名思义，它是一种与哺乳动物相关的激素，但绝不是只有女人才会分泌，男人也可以。

催产素会让人感觉到亲密、幸福和归属感，进而起到抵消压力的作用。那要如何才能促进催产素的分泌呢？你可以想一想哺乳动物的特点，比如一个刚生完孩子的妈妈会用目光注视着孩子，将孩子抱在怀里，亲吻孩子，等等。要想产生提升幸福感的催产素，你需要多增加一些肢体的互动和接触，尤其是与亲密的人。总之，要促进催产素的分泌，就要增加非言语行为，比如积极的目光关注和肢体的互动、接触。

以上就是五种神经递质。总之，肾上腺素会在我们情绪激动时让身体最快地进入亢奋甚至失控的状态；多巴胺是爱的激素，能通过去做那些让你幸福和激动的事情产生；内啡肽是一种痛并快乐的激素，自律时更容易产生；血清素是一种平衡压力的激素，会在人满足和平静时产生；催产素是能让人体验幸福感的激素，通过积极的非言语互动产生。

三脑原理

根据功能不同，我们可以将大脑分为理性脑、情绪脑、本能脑。

理性脑，主要行使认知功能，包括逻辑、思辨等理性活动，是大脑皮层掌管区域，它的功能是逻辑、辩证和理性。

情绪脑，顾名思义，负责情绪活动，包括高兴、幸福等积极情绪，也包括悲伤、难过等消极情绪，是边缘系统掌管区域。而情绪脑的"哨兵"就是杏仁核，人之所以面对各种事情时会做出反应，就是因为杏仁核发出了最初的信号。

本能脑，主要维持生存，规避风险，包括呼吸、心跳、无意识行动等，是脑干区域。为保护生命安全，它会做出一些本能反应，比如一辆大卡车驶来时，你不用思考太多就会选择跑开。

"一朝被蛇咬，十年怕井绳"说的正是杏仁核的作用，被咬的那份疼痛和恐惧会被杏仁核存入"档案"，一旦出现与蛇相关的物件和场景时，杏仁核就像警报一样提醒你"危险来了"，然后，你就会产生恐惧、紧张等情绪反应。

往好里说，杏仁核会保护你避免再次受到伤害，它"宁肯错杀一千，绝不放过一个"；但往坏里说，就会使人出现吓破胆和小题大做的情况，同样的事情，在别人看来可能小事一桩，但你却反应强烈。

这三个大脑之间有什么关系呢？我想用一个比喻来解释，这三个大脑的关系就相当于一个人坐着一辆由两匹马拉着的马车前进，白马是本能脑，黑马是情绪脑，马车是理性脑。试想一下，如果扔下白马，只靠黑马拉车，那么黑马再努力，前进的速度都会大大减慢；同样，如果扔下黑马，只让白马拉车，结果也一样；而如果扔下马车，人骑在马背上前进，一定会比坐在马车里颠簸得多。所以，只使用它们三个中的任何一个或者两个，都是无法很好地前进的。

我们不能说理性脑、情绪脑、本能脑哪一个更好，因为它们三个缺一不可。最理想的情况是，在自己过于理性时，关注一下自己的感受，也倾听一下内心真实的声音；而当自己一意孤行时，倾听一下理性的声音。

以上就是心理与身体的秘密，我们知道了躯体之内的各个部分是如何运行的，了解了五种不同的神经递质和三个大脑，就是为了告诉你，不管外界发生什么，你做出的一切反应，开关都在你自己的手里。

你可以了解它，也可以创造和管理它。不管怎样，你都要相信，只要你没选择放弃，就永远都有机会。

不自设囚笼，
看见另一种可能

希望到底是什么样的感觉？

用一句古诗来形容，就是"山重水复疑无路，柳暗花明又一村"。

一个心怀希望的人一定有一个坚定的信念：相信。

事物的发展都是瞬息万变的，机会和挑战共存，我们身在其中更深刻地感受着变化。

要如何在困难面前，选择勇敢尝试？如何在不那么完美的事物里找到转机？

答案就是提升希望水平，在这里，有五个不容忽视的提醒。

眼见不一定为实

"眼见为实"是我们司空见惯的想法，但其实，眼见不一定为实。

　　心理学家雷・尼克尔森说："江湖郎中的骗术往往得逞，是因为他们总能找到一些病人愿意为他们做见证，这些病人总是发自内心地告诉别人，他们自己的确从治疗中获益匪浅。"①

　　心理学上曾有人做过一个伤痕实验，化妆师在被试者脸上画出血肉模糊的伤痕，让被试者对着镜子看一下，然后取走镜子。

　　化妆师告诉被试者，要再添加一些粉，以防被抹掉。其实，化妆师借添粉的名义将被试者脸上的伤痕擦掉了。之后，毫不知情的被试者走进人群中。

　　面对实验后的采访，被试者中反馈最多的是，周围的人对他粗鲁无礼、不友好，所有人都在关注他的脸。

　　他们描述得非常形象，甚至在哪个地方发生的次数最多，哪类人群居多都说得清清楚楚。可事实是，他们的脸跟平时一样，没有任何区别。

　　这是真相吧？当然，这是他们亲身经历和体验的，但这是真相吗？当然不是，因为他们脸上根本就没有伤痕妆容，也不存在所谓的异样眼光。

　　所以，眼见不一定为实，我们所看见的一切大都是内心的投射。很多时候，我们只相信自己看到的真相，而非客观的真相，这样一来，希望感就会降低。

_____

① 基思・斯坦诺维奇，《对伪心理学说不》。

直觉可能只是错觉

直觉，也叫作第六感，它深受经验和偏好的影响。

有这样一个新闻，一群消防员正在紧张地灭火，指导员没有任何理由地要求全员撤离。事后采访中，他坦言，说不出为什么，但直觉告诉他救火现场很复杂，因为明明火不大，耳朵却感觉很烤。他的直觉认为有危险，并做出了撤离的判断。幸运的是，这个鲁莽的决定救了这群消防员，因为起火源并不在眼前的大火里，而在他们双脚踩着的地方。

这就是直觉性判断，在已有经验的基础上，我们会最快地做出判断，但直觉也有可能是错觉。比如情侣之间，对方语气不好，就会认为是对方不爱自己了，还能找出一堆证据，很多误会就是这样产生的。再比如，孕妇会认为大街上都是怀孕的人，考生家长会注意到满大街都是要参加考试的孩子，然后他们就会做出一个判断，告诉你现在怀孕的人很多，或者参加考试的人很多，竞争压力很大。

卡尼曼是唯一获得过诺贝尔文学奖的心理学家。他也吃过直觉的亏，因为他对决策的研究获得了各界认可，所以他有了一个大胆的直觉，认为决策学作为课程推广到高中一定会大获成功。于是，他迅速组建团队，果断开展工作。但一年后，结果很不理想。参加过无数次课程编制的专家告诉他，他的团队人员情况及课程情况并不出色，劝他暂停或者暂缓。但卡尼曼更相信自己的直觉，继续推进课程编制。结果，原本计划用两年完成的课程编制花了八年也未能完成，最后不了了之。

这就是直觉对我们生活的影响。我们当然应该尊重直觉的存在，但也要告诉自己，直觉也可能是错觉。我们要做的是保持足够的理性，如果一味地听信于直觉，就很容易进入一个过于悲观或乐观的状态里，而这种极端状态是最破坏希望感的。

保持共同体感觉

共同体感觉理论，是由心理学家阿德勒提出的。他说，我们既是独立的个体，又属于多个团体。[1]

咨询中，很多人都有这样的困扰：婚姻失败，就觉得自己的人生灰暗；亲子关系糟糕，就觉得自己是个不合格的爸爸或者妈妈。他们越这样想，就越觉得自己无能为力。

那从希望的角度，到底要怎么做呢？答案是试着在更大的共同体中找到自己的位置。

创业者王石先生刚退休时，整个人都很消极，工作时的他每天有忙不完的应酬和任务，但退休后忽然变得无所事事，他感到非常无聊。

后来，他参加了皮划艇队和登山队，逐渐在队内小有名气。就

---

[1] 岸见一郎、古贺史健，《被讨厌的勇气》。

是这样一个小小的改变，他变成我们眼中越活越有活力的人。六十几岁的他，选择一个人出国读书，和一群年轻人一起上课、做作业。

这提醒我们，不要局限在一个小小的圈子里，要让自己处在不同的团体中。如果一个妈妈把所有精力都放在孩子身上，她的团体就是亲子关系，那么当她遇到亲子问题时，整个人就会陷入无助的状态，甚至会怨天尤人。

所以，永远不要把自己只放置在一种关系中，要试着去打造多种关系，只有这样，你才不会把一点点不如意当成是人生的全部，也才不会因此而失去希望。

多给自己几种选择

一个人感觉到绝望往往是因为只给了自己一种选择。

心理治疗师萨提亚曾为求证一件事有多少种解决办法，特意拿刷碗来验证，最终发现有120多种刷碗方式。

在生活中，我们常常因为对方没有按照我们的想法做事，或者事情没有按照我们的想法发展就陷入崩溃，但其实大部分的苦恼都是来自让自己没得选。

一个妈妈为孩子的学习问题前来咨询，她说儿子太爱玩游戏，怎么说都不管用，后来孩子开始跟她吵架，一言不合就把自己关在房间里。

我问她："孩子是玩游戏成瘾吗？"她说："不是，只是希望孩子先写作业再玩游戏，但孩子总是拒绝。"我又问她："你是希望孩子不要玩游戏，还是希望孩子成绩好？"她说："成绩好。"

这么一问，问题就很清楚了，孩子是先玩游戏还是先写作业根本不是冲突的原因。这个妈妈想要的只不过是孩子不要因为玩游戏而耽误学习，但两人却因为到底要先写作业还是先玩游戏而争吵。

所以说，如果一件事进入困境，或者一段关系陷入胶着状态，请一定要问问自己，还有没有其他解决方法。如果只给自己一个选择，那么他一定会体验到很多负面情绪，甚至会因事情发展不理想而陷入绝望。

利用你的优势

一个对生活感到无望的人，往往是个只盯着自己劣势的人。

我曾接待过一个女孩，她的妈妈是个很强势的人，对她说得最多的就是告诉她应该怎么做。她非常厌烦妈妈的强势，高中时曾因此一度去看心理医生。

这个女孩很优秀，多才多艺，画画曾拿过奖，人际关系也非常不错，但她却花费了很长的时间来弥补自己的劣势。

大学毕业，不擅长沟通的她为了锻炼自己的沟通能力，选择做销售。当然，她遇到了很多挫折。后来，她进入一所知名的培训机构当讲师，但奇怪的是，她选择了自己最不擅长的一门学科。她跟我说:"如果我把劣势都变成优势,我就无所不能了。"

但她活得非常不开心,失眠、头疼,整天闷闷不乐。不得不说,这个女孩一直在跟自己过不去,她的焦点一直在自己的劣势上,所以,她感受到最多的不是轻松和愉悦,而是压力和挫折。

一个人永远不会依靠和自己过不去来获得轻松、幸福,因为这是最难走的一条路。

其实,我们的优势才是自己的资源,才是走向人群的名片。想想看,不会有人把自己差劲的一面写到名片上吧。当然,我们不逃避自己有某种劣势的事实,但一定不要把劣势放在不可思议的高度,而对优势视而不见。

以上就是关于希望的五个提醒,我建议你把这五个提醒写下来,放在一个能够经常看见的地方,让它来提醒你,避免给自己创造无端的烦恼和困境。

远离低气压人格，
拒绝情绪传染

希望是一种很微妙的心理资源，并不是越成功，就越充满希望。

从本质上讲，希望是一种情绪，而情绪具有传染的作用，那些"洗脑式"的情绪传染，你见过吗？

前几天，朋友有气无力地跟我说："我得抑郁症了。"

她还预约了医院的心理门诊，而10天前我们刚见过面，她正安排着复工计划。几天过去后，她却不复工了，最宠爱的狗狗也送到了妈妈家，整日玩游戏、刷手机。

她这几天里最大的生活事件就是联系上了一个大学老师，这个老师因为工作和家庭的很多变故，正在药物治疗中。本来是去安慰老师的，她却也进入了消极悲观的状态里。

心疼之余，我想起了一个段子，有人想轻生，过路人好心劝说，然后两人就坐在桥上开始畅谈，但结果是他们一起跳了江。

不管听起来有多么不可思议，但这样的事情一直在上演。你有没有过这样的经历？本来心情还挺好，但和人聊了一会儿后就变得消极低落；原本信心十足地要做点儿什么事，但和一些人交流后，就变得极度消极，甚至干脆放弃。

这就是影响希望的低气压人格，所谓的低气压人格，就是一个人虽然没有大动干戈，也没有明显的控制和强迫，但他的讲述和表达总像低气压经过一样，让身边的人陷入压抑、悲观甚至自我怀疑的糟糕体验里。

从人际关系的角度看，低气压人格大概分为三种类型，分别是唉声叹气发牢骚、标榜自我和过度正能量。

唉声叹气发牢骚

某网站上，有个网友直呼受不了她的姥姥。

老人家每天不离口的就是"唉""哎哟""真倒霉"。这还不止，客人刚到家，姥姥就会问："他们什么时候走啊？"家里人讲话声音高了，姥姥说凶她；说话声音小了，姥姥又说是不愿意和她聊天。

网友说自己要被这低气压逼疯了！

我也有过类似的体验，刚参加工作那会儿，我有个室友就特别爱叹气，当我吃了点儿东西，看了会儿书，正准备舒舒服服地睡觉时，她就冷不丁地长叹一口气。那一瞬间，舒服的愉悦感戛然而止，有很长一段时间，我真的会默默祈祷她千万别叹气。

她当然不是故意的，但情绪是有唤醒能力的，看似简单的一句牢骚或者一声叹气就能唤醒人的负性情绪记忆，这也是很多高档餐厅会精心挑选音乐的原因之一。

生活中，这样的场景真是数不胜数。比如去旅游，同伴一个劲儿地喊累，嫌人多，这时候，不管眼前的风景多么好，相信你都恨不得赶紧回家。

一个人唉声叹气发牢骚，多半是情绪压抑的表现，因为内心的不满得不到释放，所以投射为对外界的指指点点。

虽然可以理解，但面对这样的人，你的好心情随时会被猝不及防的叹气打断，你也永远不知道什么时候对方的抱怨就会到来。

这样一来，你整个人就会紧绷着，说白了，这是一种消耗。如果你不得不面对这样的人，可以试着在他启动祥林嫂模式时，不带评判地提醒对方"我听到你在叹气"，这样会帮助对方意识到自己的无意识行为。当然，如果对方介意，我们最好学会明确隔离，因为情绪会传染。

标榜自我

这类人很喜欢说的话是"这是我做的""我早就说了"，永远一副求赞模式，全然不顾及对方的感受。

来访者小童和我分享过一件事，她们团队赶了7个晚上，终于把设计图纸交给了总经理，但很遗憾没有达到要求。大家正沮丧着，小组长说："你看，我就说吧……"

其实，小组长并不是一个抢功的人，但她随时都希望被大家看见。跟别人说话时，她最常用的口头禅就是："是吧，我就说嘛……"

这种人就像一块"认可磁铁"，随时寻找一切可以刷存在感和获得认可的东西。

我在群里也见过这样的学员，大家一起分享感受和打气时，她会一口气发5段文字、2个语音，还不忘问大家："你们快看看我今天的收获。"

她也会在群里讲述自己糟糕的感受，但大家给她回复时，她早就跑得无影无踪。总之，她习惯自嗨式表达，不会顾及对方的感受。所以，不管多么和谐的氛围，她总能将气氛降到冰点，还完全不自知。

不过，这些看似过度标榜自我的行为，恰恰是自我匮乏的表现，她制造各种冲突场景，很多时候是为了验证自己的存在感。

我们都知道，当一个人存在感过强时，就意味着其他人要隐藏。面对这样的人，你会很容易进入一种不想表达的状态，但不想表达不代表没有想法，这样一来，你心里就会积攒情绪。

所以，面对这种人时，一定要做到界限清晰，尽量避免在群体中与其沟通，要很清楚而且很坚定地向对方表达自己的立场和想法。

过度正能量

如果把第一种低气压人格称为负能量爆棚，那接下来要说说正能量爆棚的人。

他们有好多道理可以信手拈来，早起、养花、养小动物、人际和谐就是常态。可能有人会问："这样不好吗？"不是不好，是不接地气。

朋友苏苏的大姑姐就是个正能量爆棚的人，在她那里展示出来的，永远是生活充实、母慈子孝，平日里忙得不亦乐乎。

苏苏坦言，她害怕和大姑姐见面，不管聊什么，收尾时大姑姐都会劝她开心点儿，婆婆和老公也劝她多和大姑姐逛逛街、喝喝茶，她总觉得像是自己有什么问题一样。

大姑姐也的确很关心苏苏，隔三岔五就提醒苏苏养植物、多散步，苏苏说自己患了"大姑姐信息综合征"，每次大姑姐来信息，都会问她："最近过得怎么样？"

苏苏也想和她坦诚地聊聊生活中的小开心和小烦恼，但根本开不了口，总觉得这是天大的愚蠢和错误。于是，她只好编造各种好事来回应大姑姐，但毫无疑问，这猝不及防的关心成了她的负担。

生活从来就不是顺风顺水的童话，也正因为有了那些难熬的情绪体验，我们才淋漓尽致地体验着生活，但大姑姐是有些自我屏蔽的，她会营造各种"好"来呵护自我，然而，她并没有真正看见完整的自我。

不难看出，低气压人格的人就算没有大声责骂和过激行为，他们的言行依然会把人推入低气压的环境中，使人变得压抑。而在这压抑的情绪里，最受伤害的心理资源就是希望，人会很容易进行自我怀疑和否定。

从情绪传染的角度来说，他们缺少同理心的互动很容易唤醒旁观者的负性情绪体验，要么让对方对自己的情绪产生认同，要么把对方推入无助与无奈的状态。

无论如何，生活最大的乐趣在于真实，最好的互动源于感受，无论是喜悦的事情还是糟糕的事情，如果我们畅所欲言，它就会释然，但如果我们一直采用防御的方式生活，就会对希望感造成损害。

不管怎样，希望都来之不易，不要轻易让身边的人影响自己。

你是谦卑还是被动内疚

前几天，有位家长因为孩子的问题找我。与其说是找我咨询，倒不如说是她的自我检讨会。

说到老公一心忙工作，她说，因为自己爱抱怨，老公宁愿在公司加班；说到孩子爱发脾气，不愿意上学，她说，是因为自己控制不住情绪，爱唠叨，又不懂得引导。

最后，她总结说："我觉得自己好差劲，亲子关系、亲密关系全都一塌糊涂。"

我问她："那你觉得一切都是你的错，对吗？"

她惊愕地看着我摇头，然后把自己的委屈和压抑都诉说了一通。其实，她心里并不认同一切都是她的错，她也觉得自己是个受害者，可一旦发生不好的事情，她却总是忍不住去想自己哪里做得不好。

这种无意识的内疚，在心理学上，叫作"被动内疚"，也就是我们常说的"背锅人""老好人"。

关于被动内疚

心理学家霍夫曼是一位研究内疚情绪的资深专家，他说，内疚是一个人的所作所为对他人产生伤害性的影响时，主动产生的一种带有痛苦、自责体验的情绪。

从心理学上讲，被动型内疚分为四类。

第一类是移情性内疚。比如当身边的人讲述自己的成长经历多么糟糕时，听的人就会很自责，产生"我怎么没有早知道""我过去怎么没好好关心她"等想法。总之，他们会在别人不完美的故事里找自己的问题，甚至在毫不相干的事情里找自己可能有的错误。

第二类是关系型内疚。一般发生在关系比较亲近的人身上，一旦对方身上发生一些不理想的事情，立刻就会觉得是自己的原因。比如孩子成绩没有考好，妈妈会觉得是自己这段时间没有管理孩子的结果。又比如老公身体不舒服，进了医院，妻子立刻就怀疑是自己没照顾好，或者因前几天去吃了辣火锅而后悔。

第三类是责任型内疚。这种内疚一般出现在上下级或者辈分关系中，一旦别人出现问题，自己会觉得"为什么当时我不提醒他"，就像带着放大镜一样，一定要在各种可能的推断里找到自己的错误。这种人很容易在冲动之下替别人承担责任，而且很容易自责和自我否定。

第四类是幸存者内疚。比如战争中，一旦战友去世，活着的人就会陷入自责与内疚中，很久都无法释怀。我看过一篇报道，一个参加抗美援朝的爷爷把自己的一等功藏了起来，当晚辈发现时，他表示战友已经去世，自己侥幸活下来，没有资格去邀功，他用清苦和隐藏来消化自己内心的内疚。

不管哪一种内疚，我们都能发现，内疚是所有情绪中最容易让人攻击自己的情绪，会让一个人失去斗志和希望。

内疚的人喜欢沉浸在过去，而且会选择那些糟糕的过往来给自己贴上一个负性标签，这样一来，就没有多余的精力面向未来。

被动内疚的本质

内疚是正常的，因为对别人的伤害是事实。但被动内疚不同，它是无论外界发生什么问题，总要在自己身上找到一个原因来承担这个责任。被动内疚的人在遇到事情时，最喜欢说的是"要是我……结果就不会这样了""都怪我""我来做吧"。

比如一起经历生死的战友，当一方因为意外去世时，另一个人往往陷入自责，他常说："如果我当时提醒他，他就不会牺牲。"

很显然，这不是事实，因为没有人可以提前预知危险在何时何地发生。但陷入被动内疚的人，只会用这样不可挽回的结果来折磨自己。

又比如生活中的老好人，他们喜欢大包大揽，凡事处处优先考虑别人的感受，一旦团队出现问题，他就开启自我检讨模式；一旦别人遇到问题，他就会毫无底线地帮助别人。

在他们的人生字典里，任何事情朝不好的方向发展时，一定是自己做错了什么。比如他会认为是自己没及时去帮助那个做错事的人，甚至连拒绝在他看来都是一种对他人的伤害。

然而，任何事情的发生都是内外因共同作用的结果，过度的自我归因会让人忽视外在因素，过于替别人承担责任，反而剥夺了本属于当事人的成长机会。

所以，不要轻易地把被动内疚归为善良，为别人考虑是好的人际行为，但毫无自我的善良不仅让自己活在挣扎和压抑之中，也会永远看不到问题的真正原因。

被动内疚的表现

被动内疚源自自我负性归因，所以这样的人的外在表现很多时候是讨好，一味地去捧着别人的期待和感受。而且，为了降低内心的这份内疚感，他们总是奋不顾身地帮助别人，哪怕是包办和替代。

来访者小刘就因妻子太热心而烦恼，他说妻子就是个"烂好人"。

小刘的岳父去世很早，岳母一个人拉扯大了3个孩子，妻子的两个姐姐，一个在深圳，一个在日本，只有妻子留在岳母身边。

每到周末，妻子就带着孩子回娘家，虽然有时候她自己也不情愿，但还是照着岳母的期待来做。

比如孩子想去周边旅游，但妻子总是各种劝说和阻拦，她最常说的就是："你姥姥一个人怪可怜的，她说只有我们去才觉得开心。"

除了对岳母，小刘的妻子对工作也是这样。她虽是人事经理，但也是孩子的妈妈，公司允许她不加班，但只要公司其他人加班，她就会回家很晚，用她的话说："倒不是离不开我，早走我会不舒服。"

小刘和妻子大部分的争吵都是因为妻子随便替别人看孩子，有时候还会自作主张地给小刘安排替别人看孩子的任务。当然，妻子也常常对他们父子俩表示愧疚，但她说自己就是忍不住要去多管闲事。

的确，有被动内疚倾向的人，常常会觉得自己做得不够多，也不够好。小刘的妻子就是这样，她并非真的很想去做那些事，她也并非不懂这是谁的事情，只是面对岳母、工作、他人的请求时，内心的那份内疚感就会怂恿她站出来负责。

被动内疚的人往往并不是心甘情愿地做这些事，事后他们也会后悔："又不是我的错，为什么我要做这些呢？"甚至会抱怨："我都这样做了，你还不领情。"

经历了被动内疚之后，他们都需要更多的内心挣扎来平衡这份付出，这又何尝不是二次消耗呢？

被动内疚于事无补

归因方式关系着内在动机的激发，而动机决定着行为的产生。因为过度内归因，这个人就会随时掉进被动内疚的模式，然后去做很多自己不想做的事。这样一来，就会积攒很多抱怨和委屈，甚至试图去拯救和改变别人的生活。

可事实是每个人都有自己的生活，没有谁可以拯救谁，哪怕以爱为名。而且，我们不是与外界毫无联系地生活，任何问题的产生都是内外因共同作用的结果。过度内归因，反而容易掩盖问题的解决方法。

比如孩子经常上课迟到这个问题，一个情绪意识强的妈妈会让孩子来承担责任，可以陪伴孩子去想一些解决办法，比如设闹钟，让同学或者家人帮忙提醒等。

但若遇到一个习惯被动内疚的妈妈，她会把孩子起床晚这件事归因为自己做得不够好，然后增加每天喊孩子起床的次数。慢慢地，孩子对于时间的掌控感会越来越弱，赖床的行为也越来越频繁。

不难看出，被动内疚背后本是一种渴望亲近和认可的表达，但因此产生的补偿行为却让人一再跨越自己和他人的界限。就像这个妈妈一样，把本该孩子做的事情抓在自己手里，导致孩子慢慢失去自主行动的动力，而自己也越来越委屈。

可见，毫无意识的内疚不仅是对自己的忽视，也常常是对别人的打扰。

每个人都有自己的生活，每件事情的发生都有很多原因，我们不是完美的，也不是万能的，只有照顾好自己的感受和生活，才有能力去真正帮助和温暖有需要的人。

所以，恰到好处的爱意和善良都不是负重前行，而是量力而为。

不管发生什么事，内疚都于事无补，如果我们已经尽力做了当下能做的事，就不要去责怪自己，否则只会让事情变得更糟糕。

因为想信，
所以相信

　　有个读者问我："星座那么准，有什么心理学解释吗？"

　　我先说一个小插曲。一次和朋友聚餐，娜娜说自己可以根据出生年月来了解一个人的性格、婚姻及财运，朋友坤宇第一个尝试。对于娜娜的解读，坤宇一再大呼："太神奇了吧！""怎么会这么准？"最后，娜娜还建议他，来年最好不要投资。

　　坤宇连连点头称是，娜娜倍感欣慰。但我们偶然发现，娜娜用的那个生日并不是坤宇的！想必看到这里，你也会惊讶不已。

　　为什么坤宇会对一个根本不属于自己的描述那么深信不疑呢？

　　下面，我们就来说说星座到底可不可信。

　　坦白讲，我也会用星座的一部分内容来暗示自己。我是天蝎座，它的经典特征就是外冷内热、腹黑，我会觉得这些特征我身上也有。但作为一个心理学专业毕业的人，我也清楚地知道，之所以觉得准，不过是因为我选择相信。

巴纳姆效应

巴纳姆效应是由心理学家伯特伦·福勒提出的，他认为我们很容易深信一个笼统的、一般性概括的人格描述。

比如这样一段话："你还是比较体贴的，很愿意帮助别人。但有时候，你也有一点点自私。你对人很真诚，虽然有点儿耿直。你是个很谨慎的人，做一件事之前，你喜欢做一些比较，当然，冲动起来，你也真是义无反顾。你不是一个很外向的人，甚至有时候你特别享受自己一个人的状态。你人缘很不错，但你自己知道，你真正当作朋友的人并不多。"

你觉得这段描述符合你吗？

我想如果我们面对面，我把这些说给你听，你一定会频频点头，连连称是。但我不得不坦白，这是我随意编辑的一段话，我没有参考任何一个星座。为什么这样一段话却会让人觉得"对，对，就是这样"呢？

因为这里面没有绝对性的语言，让人听起来也很舒服，所以，就算这些话只符合你20%的特征，但在舒服的感觉下，你依然会觉得准确度高达70%~80%，因为那20%的真实会让你放下对这些话的质疑。

这就是巴纳姆效应，对于那些似是而非的一般性描述，我们很容易就相信它。

星座正是这样，从一段描述里，我们总能找到符合我们的那一部分，再加上每个星座都有一部分具有独特性的描述，因此，你就会觉得星座好准。

不管你相信与否，都请了解一个真相，我们每个人对于那些概括性、一般性的描述都很认同。

"想相信"与"值得相信"

前段时间，和一个朋友聊天，她说："2021年的星座运势超准哦！"她不仅以自己的星座为例，连我的星座也一起讲解一番，还不忘提醒我事实的确如此。

不得不说，在相信星座这件事上，很多人是不理性的。

我们先来看这样一个人——詹姆斯·兰迪，他是国际知名魔术师，被人们尊称为"神奇的兰迪"，他也给我们上了一节宝贵的星相实践课。

他是一个喜欢证伪的人，有一次，他以星相学家的身份在加拿大的电台录制节目。节目开始前一周，节目组召集参与星相占卜的听众，要求他们提供自己的笔迹样本和出生日期，最后，节目组随机选了三个人。

兰迪给他们三个人进行了星相解读，解读完毕，节目组还邀请他们对准确性进行评分，满分10分，三个人的评分分别是9分、10分和10分。

可见，他们都觉得兰迪给出的解读非常准确。

而真相是，兰迪根本就不是星相学家，他也从来没有看过这三个人的笔迹和出生日期，他提供的解读只是复制品，他把其他电视节目上名副其实的星相学家的解读稿拿来念给这三个听众。

毫不掩饰地说，这份解读压根儿与这三个人毫无关联，可为什么依然得到9分、10分和10分的高评分呢？

因为我们很擅长自我催眠，当你感觉很好，想要去相信时，你就不再去理会值不值得相信这个问题。所以，恋爱中，很多人会因对方的甜言蜜语而全然不管对方的实际情况。

可见，无论年龄、性别还是国别，我们都愿意去相信那些我们愿意相信的东西，而不管它值不值得我们相信。

心理暗示比预测更准

就在我写这篇文章时，一个好朋友告诉我她做了一件蠢事。

一个大师告诉她，立春前去住次卧的房间，这样就会身体健康、事业顺利。天刚凉，她就毫不犹豫地搬去次卧住。次卧的暖气不太好，光线也差，但为了"好"结果，她还是坚持住次卧。

有一段时间，她觉得自己各方面都顺了起来，比如很久不联系的一个人忽然告诉她要合作；她一年前参加的一个公益组织告诉她，她被评为优秀志愿者；她还认识了一个自己很中意的异性。

跟大多数人一样，她觉得大师太神奇了，可遗憾的是，她把这事儿告诉了自己的同学，同学哈哈大笑地跟她说："我很熟悉这些人，都是现学现卖，你以后别信了。"细问才知道，当时大师仅仅根据她画的简易图纸就能说出她家里的好多细节，不是因为神奇，而是因为这位大师是个建筑师，他对房屋构造熟悉得很。

这件事情有些荒唐，可我们不得不承认，自从搬到次卧，她的确越来越能关注生活里好的那一面。因为心理暗示的神奇之处就在于，当我们选择相信一件事时，就一定会找出很多的铁证。

所以说，比占卜、算卦更准确的是我们的信念，你选择相信什么，你才有可能拥有什么。

在星座问题上，我们必须承认一点，你觉得完全符合你的东西，大多数人也有同感，因为我们都做出了相信的选择。

英国心理学家汉斯·艾森克在人格方面的研究深受世人敬仰，但他在星座上也出过小插曲。

他想搞明白人出生时的星象位置会不会影响一个人的个性。他首先和占星学家杰夫·梅奥合作，从梅奥的学生和客户中选取了2000人进行调查，结果发现，这些人的人格测试结果与占星学完全吻合。

作为一个心理学家，他想要从科学角度进一步验证自己的结论，于是又做了两个实验，一批被试者是1000个不了解性格和星座的孩子，另一批被试者是不做筛选的成年人。

这一次的研究反差巨大，1000个不了解性格和星座的孩子在性格特质上与占星学毫无关联。随机参与的成年人的调查也验证，对星座了解的人做出的人格测试符合占星学，而不了解星座的人的人格测试结果与占星学几乎没有关联。

于是，他得出了一个结论，有些人的确会成为他们相信自己会
成为的人。你可以问问自己，你是只属于这个星座的人，还是真的
符合星相学所定义的这个星座的人。

相信，但不要迷信

对于一切测算性的东西，可以相信，但不要迷信。所谓迷信，
是指不要沉溺其中，把它当成全部。

我记得读研时，老师问过我们这样一个问题："如果你的来访
者告诉你，烧纸钱后，他觉得一切变好了很多，你会怎么做？"

很多同学说这是封建迷信，还是要试着跟对方说明。但也有一
种声音是，如果对来访者有用，而又不伤害别人，不触碰底线，就没
必要说。我赞同后者，心理咨询是以来访者为核心的，它不是科学揭
秘课，如果对方真的向我们求证这样是否合理，我们可以说出自己
的认知和看法，但如果有利于他而又不伤害其他的人、事、物，那
我觉得更人性的做法是，帮助他先利用可用资源来解决眼下的困难。

星座也是一样，我们可以理性地知道，星座是否可信与星座本
身无关，与我们的内在有关。但如果在上千字的描述中，一个人
筛选了自己愿意相信的那300字，而这又让他变得更好，那这无可
厚非。

我就见过这样一个女孩，她和老公的关系出了问题后做了很多
努力，直到一个占星师告诉她："你和你老公分不了，你们的未来

也不错。"

这个女孩兴奋地跟我说:"亲爱的,我觉得是这样。"她还顺便对那个她并不熟悉的占星师一顿夸赞。而就在这之前,她整天跟我抱怨自己撑不下去了。

前段时间,她说两人出去旅游了一趟,关系缓和了很多。

其实,这个女孩一直在寻找这样一份能让她笃定的预测,因为她还爱着老公。

所以说,与到底准还是不准这个问题相比,能够真正吸收对自己有用的那一部分才是最有意义的。凡事有度,可以信,但不要沉迷。

不管怎样,前面说的这些都不是为了否定什么,只是想让你知道,一个东西可信与否,以及是否对你有影响,决定的不是它本身,而是你的选择。

同样的道理,不要被一次不好的测算或者别人说的话束缚和绑架,至今为止,没有什么能有这样神奇的力量。

所以,你要去相信,你的生活、你的希望只在你手中。

名为"希望"的通关游戏

希望不是凭空产生的，是我们在实践中积累的。下面，我们从希望的三个核心，也就是目标、路径和动力，来说说提升希望感的五个技巧。

PE-SMART原则

我们说过，目标是希望的核心，那要如何制订一个有效目标呢？你可能听说过SMART原则，但在这里，我想介绍一个更有效的方法，叫作PE-SMART原则。

P是positive的缩写，是指设定目标时，要用积极与正向的语言，简单来说，就是用"我要什么"而不是"我不要什么"。比如你要自己独立完成任务，那你不能把目标写成"我不要别人帮助我"。只有你的目标足够正向且清晰时，你的潜意识才会帮助你达成目标。

E 是 ecological 的缩写，是指目标要符合整体的平衡。换句话说，你的目标不以牺牲他人利益或者破坏周围环境为代价，要努力达成共赢。比如你要办一个培训班，那目标一定不仅仅是挣多少钱，还要考虑帮助多少个人，这样一来，你的目标更容易得到身边人的支持，也更有利于达成。

S 是 specific 的缩写，是指目标要具体。比如"我这个月要努力"就不如"我这个月要达成5单"好。一旦目标不具体，它很容易只是一个想法，仅仅停留在口号上，所以，制订目标时要将时间、地点、共事的人都写进去，越具体的目标越容易执行。

M 是 measurable 的缩写，是指目标要有可衡量的标准。一定要将目标量化，要清楚地知道测评的方式及完成的准确数据。

A 是 achievable 的缩写，是指目标的可实现性。这个很简单，比如你的月工资是2000块钱，你却定下一个月入4万块钱的目标，可能会完成，但这个概率极低，制订目标时，一定要符合"靠自己的努力的确可以达成"的标准。

R 是 rewarding 的缩写，是指目标达成会给你带来的满足感。在制订目标时，要问问自己，达成后是什么样子，那时你和谁在一起，会做些什么？在这里，有两个小标准，第一个是要能够提前想象到完成时的满足感，第二个是这个目标一定是你期待的，而不是逼迫自己达成的。

T 是 time-bound 的缩写，是指有时间限制。比如从何时开始，到什么时候结束，具体的目标量是多少，这要求目标要有明确的数据。

当然，并不是所有的目标都要完全符合PE-SMART原则，但越符合这个标准的目标，实现的可能性就越大。如果你感觉目标总是达不成，可以用这个原则检查一下。

区分目标和欲望

如何达成一个身心满意的目标，答案一定是：放弃想要的，得到更想要的。

关于目标和欲望，有两个要点：第一，目标是你想要达到的东西，而欲望是阻止你实现目标的东西，比如说你想要减肥，但人的欲望是享受；第二，从动机的角度说，欲望是人的本能反应，如果你不加以控制，它就没有底线。

要想有一个有效合理的目标，你必须学会管理欲望。

我有个来访者因为疫情期间看到有人分享自律生活，她很羡慕，所以就给自己制订了目标，每天早上要做30分钟瑜伽，然后看15分钟的书，再做一顿减脂早餐。

我们估算一下，这大概需要1个小时以上，而她8点就要出门上班，但她没有考虑这些，逼着自己去做。3天下来，自律没养成，还生了不少闷气。她发现，她会在做瑜伽时想着看书和早餐，所以，匆匆打卡；而看书时，一面自责瑜伽做得不好，一面担心来不及准备早餐。就这样，她经常不吃早餐就去上班，不仅生一肚子闷气，还莫名其妙地跟男友吵架。

这到底是为了什么？这么辛苦是为了让身心受虐吗？当然不是。

所以，想要制订一个合理的目标，你要完成两步。

第一步，舍弃一部分。合理的目标一定要做减法，如果你什么都要，注定什么都得不到。就像这个来访者，忙碌的早上，瑜伽、看书和早餐就算全都完成，但也毫无享受之感。

第二步，问自己两句话："我想要什么？""我更想要什么？"就像这个来访者，她想要练瑜伽、看书、做早餐，但这所有的目标里面，她最想要的是一个心情美好的早上。

一旦找到这个答案，一个合理有效的目标也就出现了，可能是只做一项，也可能是缩减时间。总之，当你找到你更想要的那个东西，你就知道自己怎么做最具有可操作性。

探索可行路径

路径是达成目标的方法，但并不意味着方法越多，目标就越能达成，希望感就越强。想要保持希望感，诀窍就是从你最能掌控的部分入手。

人是特别需要反馈的，如果反馈一直是负向的，人就会容易放弃。相反，如果你不断从小事中获得快乐，那你就更愿意去做这件事。

这就和玩游戏一样，它的第一关非常简单，通关后，你会很爽，忍不住要继续玩，这也是孩子们沉迷游戏的原因之一。

所以，在探索可行路径时，一定要先从自己最能掌控的部分入手，这样，你才会积累很多"我可以"的感觉，也才能做得更好、更持久。

举个例子，我有个同事非常喜欢健身、美容和养生，她本身条件很好，也系统地学过普拉提、瑜伽、拳击及健身私教课，还花了很多钱和精力在美容和养生上。她非常想从事身体管理类工作，可她准备了两年，还是一个践行者而不是引领者。

但前段时间，她从自己最擅长的跑步开始，先是报名了一个名教的课，然后成立了一个5人的小群。她一边系统整理，一边教学员，不到2个月，已经有8个人付费了她的私教课，而美容、养生的内容也慢慢开展起来了。

她不再抱着一个完美的目标，而是从自己最擅长的跑步开始，这样一来，她就越来越有把握，也越来越有干劲。

所以，如果选择很多，请不要选择最好的那一个，而要选择你最能掌控的那一个，只有这样，你才能做得长久。

跳出框架效应

所谓框架效应，就是指因一些措辞或者环境的变化而引起巨大的偏好变化。

心理学家卡尼曼举了这样一个例子，当600人面对疾病侵袭时，专家给出两种方案，并给出准确的科学估测。估测内容是：若采用方案A，200人会获救；若采纳方案B，有1/3的可能救600人，有2/3的可能一个人也救不了。这时候，很多人选择了A方案。但将A方案的描述改成"若采用方案A，有400人会死"时，很多人选择了B方案。

为什么仅仅改变了一下措辞，大家就宁愿选择赌一把的B方案呢？因为改变后的措辞里强调了死亡人数，也就是触动了人们的负性情感体验。这也是为什么在医院里，人们更喜欢听到医生说多大的治愈率，而不愿听到多大的失败率。

但我们不得不承认，我们面对的是同一个事实。

心理学家卡尼曼说，理性的人是那些最不容易受框架效应影响的人。这就告诉我们，很多时候我们认为自己在规避风险，或者选择去冒险，并不是基于现实考虑的，而仅仅是感受使然。

所以，每当做决定时，试着变换一下角度，用不同的参照点来检查自己的行为，客观地看待数据和事实，这样就能减少框架效应的影响，做出最明智的决定。

事前验尸，避免盲目乐观

主观自信不等于合理评估，过度自信就会做出误判。

想想看，当你去办瑜伽卡时，你往往憧憬着天天来，穿着漂亮的瑜伽服训练，但很有可能的是，你没练几天就放下了，然后你开始后悔甚至懊恼："我总是这样坚持不了。""早知道先办半年了。"

这就是盲目乐观，即在做决定时，往往把目标定得过高，以至于难以执行。说起盲目乐观，我想起了如今的"创业潮"和"投资热"，有多少人因为一时兴起，在没有一点儿准备的情况下辞职创业，又有多少人因为看到其他人的收益就选择孤注一掷地投资。

很多人带着最好的愿景出发，最后却一贫如洗，一蹶不振，不少人因此抑郁，甚至发生很多意外，这些都是盲目乐观的结果。

那要如何在做决定和制订目标时不盲目乐观呢？方法是有的，就是"事前验尸"。

所谓事前验尸，就是提前预设你计划的事情失败了，然后来分析原因。它是怎么操作的呢？比方说一个团队要开始一项新计划，那使用事前验尸法，就可以召集所有团队成员坐在一起，假定计划失败，然后让每个人发表5～10分钟的原因分析。

运用事情验尸法不会给你一套完整的措施来应对意外，但是这个方法却可以让你减少计划的失败率。

乐观本身是好事，但过度乐观就是坏事。

以上就是给自己希望的五个技巧，保持希望不是一件简单的事，但提升希望是有迹可循的。

Trust

Yourself

Part ⑤

第五章

韧性——面对困境的复原力

韧性背后的心理学真相

生活中，我们常常看到这样的场景：

原本答应和你一起吃饭的朋友临时爽约，你整个人都闷闷不乐，甚至发誓再也不约他了。

孩子因为回答错一道题，哭了一节课。

有人试了好几次去做一件事都没有成功，然后他扔掉手头的东西，破口大骂。

有人差几步没有赶上去公司的公交车，就干脆请假，愤愤不平地回家，独自生闷气。

总之，有很多这样的事情，明明只是小小的挫折，我们却用尽全身力气去对抗，这真的很不值得。

但生活总是要继续，烦恼和问题本就是日常，所以，为了提升幸福感，我们不得不面对一种成长——提升心理韧性。

关于韧性

韧性是心理资本中的最后一个变量，在心理学研究领域，它和心理弹性、复原力、成长型思维很接近。

从心理资本的角度来说，韧性是身处逆境或被问题困扰时，能够持之以恒、迅速复原并超越自我以取得成功的能力。

心理学上，对韧性的界定有三个方向：

从结果上看，是指面临重大挫折和威胁时，一个人的适应性和发展状态保持良好。

从过程上看，是指面临重大挫折和威胁时，一个人能够迅速恢复和成功应对的过程。

从品质上看，是指面临重大挫折和威胁时，一个人还能保持整体稳定，没有太多不良行为。

通俗来说，韧性就是身处逆境或被问题困扰时，能够相信并迅速复原的心理弹性。就像一个弹力球，从高空落下，不会摔得粉碎，而是借着重力再一次弹起。

那你的心理韧性水平是什么样呢？你可以试着回答以下问题：

最近有没有发生一件让你感到冲突、失败或者其他陷入消极状态的事情？请用一句话客观描述它。

事情发生时，你是什么样的反应？情绪低落是突然产生的，还是慢慢产生的呢？

你当时采取了哪些应对策略？它们有效吗？请用 0 ~ 10 分来评

估策略的有效性。

最终让你彻底从这一事件中恢复过来的原因是什么？

在这个事件中，你最大的收获或者反思是什么？

不管你的韧性水平如何，下面，我会向你介绍帮你提升心理韧性的四个心理学秘密。

"两个你"在争夺控制权

你会不会纠结"到底买不买呢""到底去不去""现在做还是一会儿做"？或者，明明想好要做完一件事，但你却中途开始玩手机、看电视，然后感叹："我怎么这么不自律？"

你有过这样的经历吗？其实，这都是你的潜意识与意识在搏斗。

我们每个人的身体里都有两个自己，一个是较高层次的自己，它很理性客观，像一个尊重数据的审判官；还有一个较低层次的自己，它很感性冲动，你可以称它为原始人。可想而知，较高层次的自己控制身体时，你是理性的，但较低层次的自己控制身体时，你是任性冲动的。

心理学家卡尼曼曾说，这两个自己就像电影的主、配角，很多时候，较低层次的自己就像主角，管理着你大多数时候的样子，也就是所谓的不知不觉的状态。

比如你本来想早睡，但玩着手机不知不觉就到了后半夜，玩手机的时候很开心，但事后你又自责生气，觉得自己一点儿自控力都没有。其实，这就是两个你搏斗时，较低层次的你控制了身体。不过，你也不用太焦虑，这不仅是常态，而且是多数人的状态。

韧性也是如此，你想想，困难或者冲突出现时，你是不是很容易就沉浸在消极情绪里无法自拔，什么都不想做呢？没错，这就是较低层次的我，它偏爱感受，不管是喜悦还是悲伤。那要怎么做呢？提升韧性需要一些刻意的提醒，每当你发现自己又沉浸在糟糕的情绪里时，你就要告诉自己："较低层次的家伙又控制我的身体了。"然后，让自己去干点儿事，哪怕是打扫卫生这样的小事，也是唤醒较高层次自己的方式。

不管怎样，就像心理学家荣格所说："除非你意识到你的潜意识，否则潜意识将主导你的人生，而你将其称为命运。"[1]我们只有不断地克服大脑的惯性模式，才能逆袭。

为何会抗拒真相

如果我问你："你尊重真相吗？"我想很多人会给我一个肯定而且不屑的眼神。不过，我也坚信，很多人在愿望和真相面前，更相信愿望。

正因为这样，身处糟糕婚姻关系的人不会相信他看到的样子，

---

[1] 瑞·达利欧，《原则》。

而更愿意期待对方变好的样子，所以，对方的道歉和承诺总是能战胜自己感受到的挫折。

因为从事少儿情商工作，我经常会跟孩子和家长打交道，好多孩子被权威儿童专家鉴定为多动或者自闭，但父母依然会问我："其实，我家孩子并不严重，是吧，老师？"

我不太喜欢回答这样的问题，我会告诉他们，我们就做好目前能做的，但这不是他们最期待的答案，可如果我给的答案只是为了给他们一个好感受，那并不能解决眼前的问题。

毫不隐瞒地说，很多时候，我们只愿意筛选出那些我们愿意相信的东西，即使它不是事实。所以，很多人会病急乱投医，选择那些不靠谱儿却能吹嘘打包票的方案，最后，花了很多钱，也错失了解决事情的最佳时机。

为什么我们不肯面对真相？因为面对真相意味着要为此负责，要承担属于自己的责任。

就像一个害羞的女孩，会认为单身是因为自己太害羞，然后攻击自己为什么这么内向，为什么什么都比不过别人，等等。其实，影响她的从来不是害羞，而是她不愿意面对不主动的真相。

所以说，不管眼前的事情有多糟糕，要想提升自己的心理韧性，你只能去面对客观真相，这样，你才能获得掌控一件事情的感觉，恐惧才会减弱。

记忆会说谎

有这样一个实验，心理学博士金伯利·韦德邀请了20个人，让他们说服某一个家庭成员参加他的实验，并偷偷提供给韦德一张参加人员的儿时照片。接下来，研究人员会根据这张偷偷提供的照片，后期制作成一张坐在热气球上的照片。除此之外，研究人员还会邀请参加人员自己提供3张儿时的照片。

在此后的两周时间里，研究人员会进行3次访问，让参加人员回忆并讲述3张真实照片和实验者制作的照片背后的故事。刚开始，会有1/3的人记得乘坐热气球的经历，其他人表示记忆模糊，研究人员会让他们回去好好想想。让人震惊的是，3次访问后，所有人都记起了乘坐热气球的经历，甚至能够具体描述出那时候多大、和谁一起以及花了多少钱等细节。

可见，记忆被操控时，我们不仅可以睁着眼说谎，而且还有模有样。研究人员提醒说，人类记忆的重塑要比我们想象中更为惊人。所以，别说权威愚弄我们的认知，连我们自己都能把自己骗得团团转。

生活中，一些人学习心理学后，就开始细数曾经的不幸，比如婚姻不幸福、工作不顺利等，还将其归因于原生家庭不好、创伤太多。不可否认，这些会有一定影响，但绝对没有对生活起决定作用。没有谁的过去完美无缺，沉浸在创伤里，我们就倍感无力。所以，要记得时刻告诉自己，记忆会说谎，有些创伤很可能是杜撰出来的。

　　以上就是提升心理韧性前你不得不了解的三个心理学秘密。

　　接下来，我们就从各个方面来了解提升心理韧性的方法。不管事情多么事与愿违，愿我们都成为那个肯去争取的人。

痛苦从何而来

说到痛苦的来源，我回想起了最近和来访者之间的几段对话：

一个高中生发信息问我："老师，成长是痛苦的吗？"他感觉很孤独，有时候会觉得连最亲的父母都信任不了。

一个小学二年级的孩子在我的情商课上抽到了"幸福"这个情绪，她跟我说："啊？我整天练钢琴，痛苦死了！"

一个32岁的姑娘跟我说："他说不想失去我，说我是他第一次如此用心爱的人，可为什么他还是欺骗我？我想不明白，我好痛苦！"

一个40岁的二胎妈妈说："上有老下有小，每天像个陀螺一样，我真不明白，人活着是为了体验痛苦吗？"

他们都说到了一个词——痛苦，当然，这里说的痛苦，不是指苦大仇深或者多么悲观绝望，而是生活中那些一个又一个的烦恼。

为什么我们这么多痛苦呢？上学的、打工的、已婚的、未婚的都痛苦。总之，每个人都是别人眼中"真好"的人，却是自己眼中疲惫不堪的人。还有一种现象是，不仅当事人觉得痛苦，当事人身边的人也不好受。

这到底是为什么？痛苦又从何而来？

下面，我们就从人的两大心魔及情绪认知的角度来探索一下。

人的两大心魔

第一个心魔是受害者思维。

前面说过，受害者思维是指遇到问题时，把自己放在被动受苦的位置，觉得所有的一切都在针对自己。比如怪父母没有给自己一个好的原生家庭；怪老师不公平，所以造成了自己的成绩不理想；怪伴侣太冷漠，所以自己很孤独；怪孩子不听话，所以自己很累、很辛苦。

在受害者位置上，人会习惯性地指责、抱怨、委屈、挫败。

我认识一个女孩，她最常说的一句话就是："都怪我妈，太偏心了，所以……"很奇怪，她每次的开头语都是"都怪我妈"，但结尾有很多内容，似乎她的工作不顺、感情不畅、人际关系不好、性格缺陷都是妈妈的错。

其实，这样的人很多，他们会用恶劣的语言、暴怒的情绪来指责对方，不管对方做了什么。如果一个人惯性失控般地发泄或者无休止地抱怨，他很可能是被受害者思维操控着。

为什么会有人选择受害者这个位置呢？有两个好处，第一个好处是可以毫无顾忌地发泄心里的不满，来回避内心的无助、内疚甚至羞愧，借责备对方的机会来逃避"我不够好"的内心声音。第二个好处是可以不用承担责任。其实，凡事都有双面性，但在受害者位置上，人就可以找到一个理由回避那些属于自己的责任，进而找到一个理由不去做那些让自己感到困难的事情。

但不得不说，受害者位置丝毫不会帮助一个人成长，更不会让事情变好，因为不管看起来多么值得可怜或者多么有权威，受害者终归是弱小的，因为他把让自己变好的主动权交给了对方。

一个连自己都无法管理的人，痛苦会是家常便饭，所以就会进入委屈—指责—无助的恶性循环。

第二个心魔是潜意识。

所谓潜意识，就是不用经过思考，直接影响你行为的那部分信念或者思想。

潜意识很奇怪，它能快速激活身体做出自我保护的决定，但如果任由潜意识做决定，它又会犯错。

我们来说说集体潜意识，其中有一种思维叫作集体受苦。

有个来访者跟我说过一件事，她说，妈妈嫉妒她的幸福。因为她每次回去，妈妈都会说："你婆家真是瞎了眼，怎么对你这么好？"

听多了，她刚开始也会怀疑，是不是婆婆不了解她，所以，她生怕暴露，甚至不敢和婆婆单独相处。直到有了老大，她才意识到，不是妈妈说的那样，婆婆的确是个很善良也很温暖的人。

其实，很有意思，这里面就有一份集体受苦的"忠诚"。

所谓集体受苦，就是在某个群体中会有一些约定俗成的想法和观念，来操控着这个群体的每一个人。比如男人没一个好东西，婆婆都不真心，等等。在耳濡目染中，这样的观念会一代又一代地传递下去，更奇怪的是，每个人都会遇到类似的苦恼，然后再加深这种观念，的确男人都不好，婆婆也不真心。

很多时候，不能仅仅说对方真的不好，如果在自己的群体中总有类似的事情发生，那很有可能是在集体潜意识的操控下，你选择了忠诚于内心里的"真相"，而非事实。

说到集体受苦，你有没有发现这样一种现象，"身边人恶性比较"，就是当一个人稍微好一点儿，身边人就各种冷嘲热讽，或者泼一盆冷水。似乎只有一群人都穷得叮当响，互相抱在一起才是最好的，否则就像背叛群体一般。

这和螃蟹定律很像，动物学家做过一个实验，把单个螃蟹放在高度适中的水池里，它们都可以爬出来。但是如果把一堆螃蟹放在一起，它们一个都不出来，因为同伴不仅不愿意当垫背的，而且会把试图爬上去的螃蟹给拽下来。

然后，一起困在并不高的水池里，是不是很悲惨？

如果你觉得自己做得很好，但你依然感觉到不被理解的痛苦，那你就可以从潜意识的角度检查一下。

不管怎样，都不要困在固有的潜意识模式里，试着去突破那层窗户纸般的痛，让潜意识不断升级，你才会有更高级的自我保护机制。

痛苦情绪的来源

"痛苦"这个情绪到底从哪里来呢？

心理学上有个非常重要的理论，叫作ABC理论。

这是埃利斯理性情绪疗法的核心理论。A是指不愉快事件，B是指想法和信念，C是指后果，也就是痛苦、抑郁、焦虑的反应。生活中，每当有了很糟糕的情绪反应C，大部分人会怪罪那件不愉快的事A，但真实情况是，我们的信念B才是元凶。

比如两个女孩在公司门口看到了自己的副总，她们两个非常热情地打招呼，但副总什么也没说，扭头就进了办公室。

你能想到接下来的情况吗？

其中一个女孩小孙纠结了一天，她一直在思考："我到底什么时候得罪了他？""是上一次开会我请假，还是我没有按时完成他给的任务？"然后，她也想到，接下来的日子一定很难过，副总一定会想方设法地针对自己。

就这样，熬到下班，她跑去问同行的女孩："我们怎么得罪他了，他为什么不理我们？"同行的女孩很诧异，因为她已经忘记早上见过副总这件事。

同样的经历，小孙难受了一天，同事却忘到了九霄云外，不得不说，造成小孙不好情绪体验C的，不是那个具体的事件A，而是她的信念B。

生活中很多事情也是这样，迎面看见一个人，但对方没有跟你打招呼，你可以认为他是故意不理你，也可以认为是他没有看见你，但痛苦就是因为你选择相信你认为的，而不去询问和确认。

"世上本无事，庸人自扰之"，不要被自己的想法操控，很多想法只是你的直觉，可能不是真相，而这样的想法，叫作不合理信念。

痛苦与主观解释

主观感觉可能只是主观错觉，而不是事实真相。

有这样一个案例，一个女性不擅长和人沟通，总感觉是别人针对她，为了验证的自己的想法，她说了这样一件事，同事们聊天说："狗很听话，但很笨呀！"

她认为同事是在骂她，但她既没有听到前面的内容，也没有听到后续，仅凭这样一句话就对号入座，然后很难受。别人继续谈笑风生，而她内心里早已万马奔腾，想必她也拿不出一个好态度来跟同事接触，那关系自然就很糟糕。

你发现没有，这样的恶性循环仅仅是她的一个感觉，没有什么可以证明这是事实，但她却深信不疑。

所以说，让你痛苦的大都不是事实真相，而是你的主观解释。

我看过这样一个案例，一个18岁的女孩跟妈妈的关系非常糟糕，坚决不去上学。在咨询室，她跟咨询师说，永远忘不了那件事：她特别喜欢一件玩具，但妈妈没给她买，小小的她躲在角落里哭，可妈妈都没有关心她。

细聊中，她才说到，后来妈妈逛了好多家店，都没有找到那个玩具，最后，妈妈跟她商量，用一个其他的玩具来代替。

咨询师尝试跟她说，在这件事情上，他看到了两个宝贵的东西，一个是妈妈很爱她，拼尽全力给她找，只是找不到；另一个是她是一个很通情达理的人，那么小就不死板固执，肯选择替代方案。

她恍然大悟，就是这次咨询使她变了很多。你看，这就是人的解释，同一件事，你可以说A面，也可以说B面，它们都是这件事的一部分，同时，它们又不能代表全部。

不得不说，虽然你没有主动创造痛苦，但痛苦是真实的，而且从某种意义上来说，这也是你做出的一个选择。所以，你可以试着问自己："这个事情的另一面是什么？"

就像这个18岁的女孩，她可以责怪妈妈对她不好，但她也可以从那件事情里读取到自己被爱和通融的宝贵资源。

在韧性这个心理资本中，我希望你能相信，痛苦会有的，但要不要选择痛苦以及让痛苦影响你多久，这一决定权在你手里。

如何面对关系分离

在关系中如何保持心理韧性是我们每个人必不可少的课题，因为我们大多的烦恼都因关系而来，尤其是亲密关系。

亲密关系不同于友情、亲情，是一种高度吸引和深入的关系。与其他感情相比，它开始时怦然心动，过程中倍感幸福，但结束时，却更加充满不甘、懊恼、疑问等情绪。

很多人设想结束时，自己头也不回地转身走掉，却发现，一段真正用心的关系里，除了伪装，头也不回很难。也有人因为一段关系的结束，就对亲密关系失去信心，对自己充满怀疑。

当然，还有人不顾一切地妥协、挽回，但结果往往大同小异，依旧迎来结束。

那如果一段亲密关系走到终点，我们到底怎么做才好？

关系本无对错

有一本书叫作《分手后成为更好的自己》，作者布鲁斯·费希尔和罗伯特·艾伯蒂是情感治疗师，专门帮助分手的人重新找回自我。

在书中有这样一段话："很多人都认为结婚的目的是找到理想中的另一半，好让自己成为一个'完整的人'，并想以婚姻这种方式处理自身的不完整和无法独立解决的事情，最终却只能落得不欢而散。"

对于这句话，我非常认同。

这里说到的是婚姻，但其实，所有亲密关系都一样，和对方结合是两个完整的人相互吸引，而不是因为结合才变成一个"完整的人"。凡是抱着找寻理想的另一半以完整自我的人大都在亲密关系中不欢而散，因为，除了自己，没有谁能够完善你的"自我感"。

很多人会用"感情失败"来形容一段关系的结束，甚至有些离婚的人会觉得自己的人生很失败。比如有些人一毕业就结婚，她们很容易把所有的希望和期待都寄托在对方身上，一旦感情结束，就会很痛苦。那些毕业结婚而又在家待业的人，更是在感情结束时，觉得人生灰暗。

但其实有问题的不是这段关系，而是我们缺失的那一部分自我，是面对一个人生活时的毫无经验。

所以，不要轻易用错或者失败去定义一段关系的结束，那样只会把自己拉入逃避责任的境地。

分手本就痛苦

一段感情结束，一个人大概会经历这样几个阶段：

否认。当事人会有各种各样的疑问，甚至不相信这是对方的真实决定。我认识一个女孩森森，因为男友父母的反对而分手，之后有大概 1 个月的时间，她向很多人求证："他其实真的是爱我的，能看出来吧？"总之，她不肯接受分手这个事实，即使男生已经明确表示不再联系她。这就是否认，因为痛苦，所以不愿意接受，而选择否认事实。

恐惧。这个阶段的人会变得非常敏感，任何与前段感情相关的事情都不愿意提起，尤其不愿意见双方都认识的人，也非常害怕身边人的看法，所以选择回避。

适应。走过否认和恐惧，开始接受分手这个事实，也开始用对方的名字或者前男友、前女友来形容对方。总之，这个阶段，开始接受分手这个事实。

孤独。很奇怪，就算当事人以前经常自己过节日，就算两个人已经很长时间没有接触，也没有一起过任何节日，但分手后，当事人却异常害怕过节日。因为一旦过节，就会想起结束的感情，然后就觉得孤独，甚至会认定自己承受不了孤独。

友谊。这个阶段的人，开始把自己放在一个又一个的人群中，会让自己变得很忙碌。总之，他们要用很多社交来逃避自己认为的那份孤独。

内疚。经历了前面几个阶段，这个阶段的人开始自我反省，反思自己做得不好的地方，甚至开始从原生家庭等角度来寻找失恋的原因。

陷入负面情绪。这个阶段的人会感到悲伤、难过、无助等，情绪很波动，而且很消极，他们会说一些很绝望的话，也会指责对方。不过，此时正是真正释放内心压抑的时候，释放得越彻底，越能开始新的生活。

放下。到了这个阶段，他们不仅接受了分手的事实，也开始回归理性，开始重新关注自我，计划做出一些改变。

伪装、反思、尝试爱。这个阶段是自我整合阶段，你会看到分手的人经常炫耀自己过得有多爽，他们会发很多"鸡汤文"或者转发一些能够代为表达自己想法的东西，看起来是展示给外界看，其实是自我劝说。

如果顺利走过前面的阶段，就可以重新接触新的爱人了，会以一种更成熟的状态开始新的感情，这个时候，一个更好的自我状态重建完毕。

以上就是一段感情结束时，一个人内心要经历的阶段，当然，不是所有分手都会经历上面的步骤。只是让你知道，分手后觉得痛苦是再平常不过的事情，但在心理学上，痛苦大都意味着改变的到来。

分手后的自我提醒

第一，风景是客观的，躁动的只是你的心。

人在亲密关系中会遇到不止一个人，就像一阵风吹来，把一片别致的树叶吹到你的眼前，你会赞叹它的美，内心充满欣喜。但又一阵风吹过，把这片树叶吹向了更远的地方，带走的只是那片树叶，而不是你刚刚的欣喜的感觉，更不是你。

第二，评判的是行为，体验无对错。

如果有人跟我吐槽，自己如何用心，却被对方辜负，我都会让他想一下，相处时，自己的美好体验是不是真实的。如果是，那就不要用结果把全部感受都否定。行为有评判性，会有人图谋不轨，也会有人自私自利，但体验是属于自己的，否定体验就是加重痛苦。

第三，批评、抱怨、指责等会让你一时感觉变好，但也是一种消耗。

站在道德制高点时，很多人喜欢一遍遍地列举相处中的点点滴滴，说着对方的不仁不义，但这样的诉说还是会让人不甘心、不舍得。每一次的指责、抱怨看起来是指向对方，其实是在消耗自己，因为每一次讲述时，其他人都是听听就算了，只有说的人一次又一次身临其境地体验那份痛苦。

第四，接纳关系不是因为对方值得，是因为你的用心值得。

我有个来访者，是个非常优秀的女孩，在朋友的介绍下，她认识了一个男生，她很喜欢这个男生，两人以最快的速度进入热恋期。但慢慢地，男孩忽冷忽热，而且有很强的控制欲，包括女孩的交友都要向他报备。

总之，发生了很多让女孩始料不及的事情，她不知道如何劝慰自己接受这个结果，她不明白那么完美的关系为何变成了这样。她反复跟我说："你不知道，和他在一起的感觉真的特别好，就觉得是命中注定一样。"

其实，这个时候，她需要的是接纳，接纳的不是这个人的好与坏，而是接纳这段关系的发生、发展和结束。只有这样，她才不会一直纠结、分析和不甘心。

第五，你等的不是对方的回应，而是你期待的结果。

很多人在关系结束时，都不愿意相信眼前的事实，却期待着对方和自己说清楚。就像因男方父母反对而结束感情的淼淼，她一直强调自己想听男生说"我不喜欢你"，她说只有这样才甘心，而她完全不去关注男生做得有多决绝。

其实，她等的根本不是对方确定的回应，只是想听到她期待的那个答案。抱着这样的想法是很难放下的，因为她会把分开当成无奈，甚至以为彼此依然相爱。其实，如果一段关系想继续，谁都难以阻挡。

不管怎么样，爱消失了，生活还在继续。

从心理资本的角度说，每一份爱都是一个人自我成长的过程，从打开自己，到接纳对方，再到回归自己。正因为这样，失恋总是让人成熟很多。

　　总之，关系结束了，如果你依然热爱这个世界，你没有变得刻薄、充满仇恨，那你就要试着接纳这段关系的结束，因为你依然完整地拥有你自己。

　　关系的价值不在于对方的样子，也不在于关系本身，而在于关系中你的样子。愿每一个人都勇敢爱，也在关系结束后勇敢相信爱。

创伤最大的意义是成长

我们说了很多关于心理韧性的话题，但也不能回避一个事实，就是当一个人经历大的创伤时，要如何很好地修复。

下面，我想以伤害性巨大的性侵为例来说一下，伤害如果发生了，我们到底应该怎么办？

之前一度掀起性侵这个话题的热议，很多名人纷纷被曝光，其中包括我们眼中的"好人"。

他们本受人敬重，但丑态尽显，也不乏有人极力为自己的可耻行为辩护，真是应了那句话："学历过滤掉了学渣，但却过滤不了人渣。"

我听好多人说过自己被性骚扰的经历，每每想起来，都恨得咬牙切齿。其中一个被性侵的女孩说，看见体型相近的人会怕，看见穿类似衣服的人会怕，听到与那个人相关的任何字眼都怕。

很多人在恐惧之下选择隐藏，但坏人从来不会因为我们的隐忍而收敛，他们只会愈发猖狂。性骚扰及性侵与一般伤害相比，最痛的部分都在心里的最深处，这样的经历就像是久住的心魔无时无刻地不在折磨着受害者。

性侵会伤害灵魂

记得一节心理课上，老师问大家："如果一个女人，有过被性侵的经历，你会觉得她脏吗？"大家异口同声地说："不会。"老师继续问："如果发生在你身上呢？你会觉得自己肮脏吗？"大家沉默了。这就是性侵犯的可怕之处，让人内心深处对自己否定和谴责，甚至将坏人的错一并背负。

有个女孩说，她甚至试着将那些经历归为爱情，她也说到自己常常忘记年龄，因为她的印象里都是20岁，那个她被伤害的年纪。

这就是恐惧，是人们试图挣脱却倍感无力的内心的压抑感。我们对于引起强烈感受的事情会记忆深刻，尤其是恐惧，所以才会有"一朝被蛇咬，十年怕井绳"的典故。

受过性侵犯的人，如果没有得到有效的社会支持及处理，她极有可能在亲密关系中找寻存在感，诸如怀疑、翻看手机等，有的人甚至一生都在寻找证据证明对方不爱自己，因为她的内心一直有一个声音在说："我是不好的，我不值得被爱。"

所以，性侵等事件伤害的是一个人的灵魂。

性骚扰：隐藏杀手

性骚扰极其普遍，它只有0次和无数次的区别，一旦一次得逞，那种"成就感"只会让施加者变本加厉。

其实，这背后是权力拥有者的肆无忌惮，是压迫和控制。或许真的有人义无反顾地拒绝或者毫不顾忌地转身走掉，但是大部分人心里都会权衡，然后会自我说服，甚至有的权力拥有者会直接威胁，所以很多人选择服从。

但事实是，这样的事情从来不会因顺从而变好，反而成了创伤性经历。它会让当事人情绪不好时，比如孕期、失恋等负向事件发生时，反复纠结于"为什么我当时没有勇气拒绝，为什么我如此懦弱"。

这也正是抑郁爆发的助推器，我们必须拒绝，甚至反抗。

有个同学是新人时，被要求连续值班。本来不用值班的部门经理每次都留下，连续好几次把手搭在她的肩上。

那种无助激起了她的反抗，她给老板写了一封投诉信。令她想不到的是，她被调到了一个新部门，此后见面时，原部门经理会讨好般地跟她打招呼。

或许在不公平的权力角逐下，反抗是无效的，但积极的反抗才能最大限度地消磨创伤的阴影。施加性侵犯的人理应受到该有的惩罚，而让创伤终结最有力的便是受害者站起来反抗的勇气。

不管是性侵还是性骚扰，都不要尝试逃避，只有面对它，才能战胜它。

建造复原力

尼采曾说:"那些杀不死我的,都将使我更强大。"

心理学家塞利格曼针对创伤事件是这样说的,创伤可以化为成长,虽然带着痛的影子。那要怎么做呢?

首先,接纳创伤带来的情绪反应,尝试讲述创伤经历。

试着将其表达出来,当我们随意讲述时,创伤的影响就在降低,就像某演员因为拍戏不幸烧伤,刚开始,她是回避讲述的,每次讲述都会大哭,慢慢地,她开始接受这个事实,能够坦然讲述,也开始参加马拉松等锻炼。

其次,反驳悲观信念。

很多时候,让一个人陷入痛苦的不是事情本身,而是我们对事情的解释。当一些糟糕的经历发生时,当事人会说:"如果我当时没有……就好了。""为什么那么多人,受伤的人偏偏是我?"

又比如一些有过性侵经历的人,明明自己是受害者,却把这样的经历当作是自己的耻辱,这些都是悲观信念在作祟。

你可以使用前面提过的反悲观信念的三个方法,第一个是找证据,也就是找那些可以支撑自己想法的事实,注意,一定是客观事实。比如你觉得所有人都看不起自己,那就问问自己都有谁?是所有人吗?第二个是乐观探索,也就是看到事情的反面,找出那些与自己悲观想法不一样的事实。第三个是换角度,从前两步的证据中找到最好、最坏、最可能的解释。

这样一来，你就会发现这些悲观信念并不都是基于事实，大多是你的想象。

最后，描述创伤后积极的改变。

每个经历创伤的人都会成长，可能是更懂得如何保护自己，可能是更懂得珍惜眼前的人，也可能是变得更加温和。无论是哪一种，我们都可以找到创伤带给自己的提醒和成长。

只要完成这一步，复原力就开始慢慢形成，人也得以从应激的情绪反应中慢慢恢复。

重建内心

提升复原力后，我们还要进行积极的心理建设，在这里，我有4个秘诀。

秘诀1：多途径表达。

当一些糟糕的事件发生后，可以试着用画画、讲述的方式表达出来，这是释放的过程。就像电脑内存一样，只有释放掉程序垃圾，才有空间容纳新的程序。

我认识一个老师，她在汶川地震后给一线官兵进行心理疏导，她用的方法就是让他们在纸上画出情绪，然后撕掉，放在马桶里冲走或者用火烧掉。

秘诀2：增加幽默元素。

心理学家埃利斯是研究焦虑的专家，他明确提出，幽默可以缓解焦虑。

创伤之所以能够持续影响一个人，很大程度上是因为我们一直停留在当时的情境中，而不敢面对和持续回忆不断强化着这个糟糕的经历。其实，我们要做的是转化，简单来说，就是增加幽默元素。试想一下，如果这件事情可以让你嘲弄一下，你会怎么改写？当然，这个过程是困难的，但一旦你改写了这个故事，那些影响你的信念就会慢慢松动。

秘诀3：学习感恩。

生活相对来说是公平的，有不好的事情发生，也有好的事情发生，但一旦我们把过多的精力放在糟糕的事情上，就会忽视身边那些值得感恩的人或事。

你可以从感恩身边的琐事开始，比如早上起来感谢床铺，吃饭时感恩做饭的人。也可以每天睡觉前去想值得感恩的人或事，能够写下来最好，这样你会发现，生活并不只是糟糕的那一面。

秘诀4：宽恕练习。

这是最难的一个环节，也是必需的一个环节。很多时候，我们把宽恕别人当成是对自己痛苦的背叛，其实，牢记痛苦，才是对自己的不放过。

如果你也有耿耿于怀的经历，你可以这样练习。

首先，找一个安静的地方或者找信任的朋友陪伴你，闭上眼睛做几组深呼吸，由内而外地说："我需要宽恕的人是××，我要宽恕××。"重复3遍。

如果有小伙伴，就让他以被宽恕者的名义回复你："谢谢你，我现在给你自由。"如果是自己一个人，你就想象那个被你宽恕的人这样回答你。

然后，对自己说："我宽恕我自己的……"为什么要有这一步？因为很多人放不下的原因是责怪自己当时没有反抗，而这个练习会帮你梳理这份自责。

最后，把手放在心脏的位置跟自己说："现在我长大了，有力量了。我可以保护自己，也有更多的方式来爱自己。"再做几组深呼吸，当身体感到舒服时，慢慢睁开眼睛，给自己一个温暖的微笑。

战胜创伤的关键，是你肯放过自己。

萨提亚流派导师林文采老师曾经很形象地说，性侵犯就像灰尘，而我们就像透亮的玻璃。很不巧，因为风或其他东西，灰尘落到了上面，但我们要明白，玻璃始终是透亮的玻璃，灰尘始终只是灰尘。

无论如何，都请相信：那些打不倒你的，都将让你更强大。

不受控行为，
源于内心缺失

说到心理韧性，就不得不说一种现象：用很多外在的东西来平衡内心的感受。这属于韧性强吗？

这只能说是一种转移，但不是真正的韧性，真正的韧性是面对真相，而不是逃避。

下面，我来说一下替代满足。

读者优优是那种开心要买包，不开心也要买包，收礼物还是喜欢包的人。她问我："我那么喜欢包，是不是一种心理疾病？"

虽然不能把过度偏好某种东西归为心理问题，但不可否认的是，这种东西很可能是一个替代品，用来弥补内心深处某一种长期未被察觉的需求。

这种现象生活中很常见。比如每当情绪波动，就疯狂"吃吃吃"或者拼命逛街"买买买"，似乎只有这样才有一种满足的感觉。又比如守着电脑玩手机，工作没做，电脑没动，却硬是熬到后半夜，困吗？困！为什么不睡？不知道，睡会觉得罪恶，不睡也会觉得罪恶。再比如还有人迷恋整容，今天嫌眉毛太细，明天嫌颧骨太高，尽管别人都夸赞她的美，她还是沉浸在改变的路上。

其实，这些都是补偿式行为，说不清为什么，但内心里总有种莫名的力量推动着人们做这些事情，似乎已成为一种身不由己的习惯，我们把这个现象称为"心理补偿"。

补偿行为的来源

心理学家阿德勒最早提出了"补偿"的说法，他说补偿是因为个人所追求的目标、理想受到挫折，或者因为本身的某种缺陷而不能达成既定目标时，改变活动方向，以其他可能成功的活动来代替。

换句话说，因为内心有一份缺失性需要，就要用很多外显的行为来弥补，试图达成内外的平衡。可见，补偿行为的根源是内在的某种匮乏。

就像我们常说的一句话："越缺什么，越晒什么。"一定程度上讲，的确如此。

前面提到过一个单亲妈妈，她工作很辛苦，薪水也不算太高，但她一直送女儿去最好的英语培训机构，一放假就带女儿出国旅行。

孩子很懂事，认真配合妈妈的安排，只是她的英语成绩一直平平。

朋友不肯接受这样的事实，所以想法设法地帮助女儿学英语，直到有一天，她看到女儿用小刀在英语课本上划了大大的叉号。

其实，她一直知道女儿喜欢画画，但她总觉得女儿只有出国才是成功的，才是有前途的。细聊才知道，她读大学时，差一点儿就要出国，但因为家里突发变故，她没能达成这个心愿，后来回到老家结婚生子。很显然，她的这份缺憾成了她未满足的一份期待，因为自己没有机会实现，所以投射在最爱的女儿身上。

这就是对缺失性需要的补偿，因为一直未被满足，所以总是蠢蠢欲动。

过度补偿的恶性循环

有时候我们拼命进行外在的改变或者拥有某物，比如挣很多钱，买很多东西，甚至拼命地吃或者其他疯狂的行为。本以为自己会因此觉得充实和开心，但奇怪的是，改变一直在发生，那份需求却从未减少，甚至越来越贪婪。这是因为补偿一旦过度，就是一种多余和对自己的纵容。

所谓过度补偿，要么是一再地外求，要么是在错过的时间里极力满足。

我想说说《人民的名义》里的赵德汉，他贪污了2亿多元，但却一分钱都没花，他说不敢，他还强调自己家祖祖辈辈都是农民，穷怕了。

赵德汉是不可饶恕的，但其行为是一再外求的过度补偿，从贫穷的家庭起步，一步步混到领导，面对金钱的诱惑时，他变成了敛财机器，金钱和权力给他的那份外在满足感不断提升，似乎只有不断增加，他才顶天立地，才出人头地，才是一个成功的人。

其实，他需要的不是钱，而是看见内心那份贫穷留下的自卑。

除了一再外求，还有一种情况多见于父母对孩子，在孩子某个成长阶段的缺失成为父母的一份内疚和遗憾，所以在日后拼命地补偿。

我有个求助者，在女儿6岁时，她就去了外地打工，留下女儿和奶奶住在一起。邻居不止一次地告诉她，女儿的奶奶身体不好，所以照顾不过来，女儿晚上放学还要干活儿，早上经常提着一袋方便面一边吃一边去上学。

但紧张的夫妻关系和一贫如洗的家让她一直逃避，直到女儿15岁，她和老公离了婚，然后重新组建了家庭。

离婚后，她把女儿接到了身边，看着女儿矮小的身材，她总有一份深深的亏欠。因此，一起生活后，她对女儿有着超乎寻常的关注。

从吃饭、穿衣到学习，必定事事嘱托，遗憾的是，她这样的付出却换来女儿的反抗，女儿甚至直接跟她说："送我回老家，我讨厌和你们住在一起。"

她很困惑，女儿可怜兮兮时那么乖巧懂事，妈妈如此上心时，她怎么会如此叛逆？

其实，是妈妈一直在做自我补偿，却不是女儿真正需要的。孩子已经过了那个极度渴望妈妈关注的时期，进入了敏感和争取自我的青春期，妈妈这样的补偿常常跨越了她和孩子的界线，只会起到一种反作用。

可见，过度补偿只会让那份缺失越来越贪婪地控制你的行为，补得越多，反而缺失越大。

最好的心理补偿

补偿行为是不是只有负面作用呢？当然不是。

需要是人们内部的一种不平衡状态，表现为人们对内外环境条件的欲求。正因为需要未被满足，才会激发我们的动机，去努力争取和拼搏。

对需要的心理补偿，确切地说，就是与自己的理想状态靠近。

我们每个人都有一份自卑情结，在它的指引下，我们对自己及周边的环境产生需要。就像很多人在寻求恋爱对象时，会选择一个像爸爸或者妈妈的人来补偿内心的需要。但有一点可以肯定，只有靠我们自己才能靠近那个理想的自己。所以，面对内心缺失，我们可以这样做：

第一，正视内心的那份缺失，保持察觉，提升自我意识。

面对一些难以理解的外在行为时，试着问问自己，我这样做会得到什么好处，这个好处就是内心的真正需求。

一位有名的演员分享过这样一件事，因为车祸，他的脸上留下了疤痕，他总觉很丑，每次拍戏都刻意避开受伤的那部分。躲躲藏藏很久后，他开始试着正视自己的疤痕，神奇的是，坦然以对后，他的事业越来越好。我们不能武断地说，是因为他正视疤痕才变得成功，但这里面的确有一份从内对自己的接纳。毕竟人的精力是有限的，不再躲，不再退后，才有更多精力去面对真正要解决的问题。

我们可以常问自己："我真正需要的是什么？""对于这份需要，我可以做点儿什么？"这样一来，才能跳出补偿心理模式，聚焦在建设性行为上。

第二，关注自己的优势，培养掌控感，增加成功经验。

没有人能靠填补和完善自己的不足过一生，优势才是我们的竞争力。比如那些活得很好的残疾人，他们学会了用其他身体部位来完成生活任务，而不是一再沉浸于缺失中。

每当通过努力达到一定的成功时，我们要及时自我肯定，积累内化这种成功经验，进而产生"我可以"的感觉，这就是掌控感，它会减少内心匮乏带来的恐惧和消极。

第三，刻意练习，适时地自我反驳。

内心缺失的人都有一份固执的认知，要想减少缺爱行为，必须学会对不合理的认知信念进行反驳。比如有人把伴侣不接电话当作不爱的信号，反驳则可以探索不接的其他原因，比如忙或没有看见，还可以找对方爱自己的一些表现，通过事实辩驳来减少情绪失控和冲动行为。

找到缺失的需要和优势替代是第一步，持续的练习是最难的。但只要我们持续去练习，大脑就会重新建立一套操作系统，慢慢形成新的工作路径。

我们每个人心中都有一份美好的期待，正因为这样，我们会对眼前的很多东西都不满足，这是正常的。但如果眼下的行为给自己带来困扰，比如过度消费导致自己难以负担，或者过度沉溺于某样东西，我们就要停下来正视自己的内心。

其实，每一个外在的索取都映射着内在的一份缺失，要想成长，我们要做的不是去一味地补偿，而是学会找到并照顾内在的缺失。

每当来访者说起这样的苦恼，我都会告诉他，不要责备自己，也不要期待一下子就能改掉这些行为，而是让自己先从完全外在满足到创造性满足。比如从买东西和吃东西变成洗洗衣服、听听音乐、找朋友聊聊天，这就是一种创造性，慢慢才能达到体验性满足，这正是心理韧性的提升过程。

道歉不是懦弱，
而是一种策略

在人际关系中，遇到冲突是常有的事。从心理韧性的角度来说，我们需要的不是天不怕地不怕，而是那种收放自如的感觉。

道歉就是高心理韧性的表现，下面我们就来说说道歉这个话题。

道歉说起来简单，其实做起来很难。

公司里两个年轻同事因为一点儿小事闹了别扭，谁也不跟谁说话。

办公室开会，慧慧小声拜托我坐中间，别让她俩坐一块儿。我问她是不是打算一辈子不来往，她说不是，但不知道怎么开口。我提醒她："多大点儿事，发个信息道个歉就得了。"慧慧说："姐，拉不下脸来。"

是啊，生活中经常出现慧慧这样的情况，当时话赶话引起冲突，气头上的双方便选择冷暴力和疏远。但用不了多久，气就消了，可却拉不下脸去和好。可见，关于道歉，最难的不是面对事情本身，而是过自己这一关。

甚至很多人会有这样的想法，谁先道歉谁掉价，谁道歉就代表谁是出错的一方，也有人觉得道歉是男人的事。

其实，道歉是人际交往的一种策略，无关自尊，无关懦弱，也无关性别。

为何会抗拒道歉

我们之所以不愿意道歉，并不是看不到自己的缺点或自己的过错，而是不愿意做那个服软的人。但事实却是，人越是表现得高自尊，越是不自信。

朋友丽丽给我分享过这样一件事。

因为着急上班，右侧的公交车又突然变道，所以，她的车与左侧的车的后视镜蹭了一下，隔着玻璃，她也能感受到隔壁男司机的愤怒。她深呼一口气，摇下车窗，果然，男司机正在喊叫，她赶紧说："对不起，对不起，我车技不好，希望没影响您今天的心情。"

听了丽丽的话，男子有些措手不及，摆摆手说："我是想说公交车司机，简直了，算了算了。"之后很快开着车走了。

如果你是丽丽，你会怎么做？

我先给你几个参考：

第一个是："骂什么骂？你以为我愿意啊，是公交车司机临时变道。"

第二个是："又没有蹭得多厉害，大早上的，你至于这样破口大骂吗？"

第三个是丽丽生着闷气走人，一边走，一边骂男司机。

你会选哪一个呢？我猜想，选择道歉的人应该不是很多，而互相指责或者愤怒离开的人是大多数。

结果也不难猜到，一次简单的剐蹭，让一个上午甚至一天都处在糟糕的心情里，跟这个说说，跟那个说说，而用一个道歉，就把故事和坏情绪停留在了早上，两个人都得以释怀。

所以说，道歉的人更有包容心，因为道歉需要内心强大才可以。两个人都僵持着不道歉时，彼此都只能看到对方的不好，而一个人的先道歉，会让另一个人停下来看向自己没做好的地方。

道歉的策略

道歉一定要说"对不起"吗？道歉是一种服软吗？其实，不是的。

"对不起"并不是道歉的标配，道歉是一种策略，最重要的不是方式，而是态度。

尤其夫妻之间，婚姻生活中难免会出现磕磕绊绊，并不是一定要谁说"对不起"，而是遇到问题时，能够制造台阶，促进彼此关系的缓和。

我见过一对长辈，他们因为买车发生争吵，男方对女方一顿指责，把陈年旧事都拿出来吐槽一番。总之，那一刻，他就是在证明：你这个人根本就做不好，你必须听我的。

当然，两人互不相让，吵得很凶，女方在一边流泪，男方也意识到了自己不对，但就在原地转圈，放不下面子去道歉。

但他很智慧，选择一而再，再而三地出现在妻子面前，一会儿东摸摸、西摸摸，一会儿假装找东西，一会儿自言自语几句。虽然他俩自始至终没有对话，但能看出来，两个人的情绪变得稳定了。

到最后，他们俩谁也没说"对不起"，但就是和好如初了。

其实，在关系里，只要不是原则问题，谁对谁错真没那么重要。当冲突发生时，我们可以留出时间冷静，但一定要记得，保持互动也是十分必要的。

你可以和对方发信息，甚至在朋友圈自言自语，也可以多在对方面前出现，或者用一些幽默的互动打破僵局。总之，不要继续筑墙，而是停在当下。

无论如何，我们都要记得，所谓道歉，不是非要在语言上承认谁对谁错，而是给冲突一个化解的机会，一个可以踩着下来的台阶。

说到底，道歉是高情商的表现，而最终受益的是自己。

道歉是对自我的接纳

在家庭关系中，很难有明确的是非对错，看似每个人都在努力保持客观，但每一个决定都是主观判断。

主动道歉与其说是接纳别人，不如说是接纳自己。

有个父亲为女儿心力交瘁，青春期的女儿喜欢逃学、抽烟、喝酒、文身、闲逛酒吧。

有一次，女儿好几天不回家，他终于在一个出租屋找到了女儿，一群孩子张牙舞爪地在抽烟喝酒，屋里烟雾缭绕，吆喝声四起。

作为父亲，唯一的女儿变成现在这个样子，他只觉得头皮发麻，双手颤抖，恼羞成怒的他呵斥道："晓晓，你给我出来！"

令他想不到的是，女儿更大声地吆喝道："怎么了，这时候表现好爸爸形象了？嫌丢人啊？那咱们今天就断绝父女关系，该滚的是你！"

他好想扭头就走，但是他知道一旦跨出这个门，女儿或许就真的找不回来了。"对不起，晓晓，爸爸刚刚语气不好。"他一边说一边走向女儿。

他说他永远忘不了那一幕，愤怒的女儿开始喊："不要装好人，不要装好人！"过了许久女孩开始大哭，数落着成长过程中爸妈的缺失、爷爷奶奶的忽视，以及自己的孤单。

那是他第一次和女儿促膝长谈，他听到女儿的抱怨，仿佛看到了那个孤单失落的孩子。虽然女儿说出来的都是责备，但却夹杂着对爸妈的爱。

试想，如果这个父亲没有说那句道歉的话，而是数落女儿的种种恶行，甚至扭头走开，我想这个孩子会再一次验证，爸爸只是觉得她丢人，根本就不爱她，那后果将不堪设想。

这就是道歉，看似原谅别人，实则是为自己负责，是自我接纳。

看起来这个爸爸处于弱势，女儿过于叛逆，但其实女儿才是弱小的那一个。很多时候，我们不愿意道歉，是不愿意接受对方口中那个失败或者犯错的自己。

敢于道歉

道歉是高心理资本的表现。

因为能道歉的人都是那些能够察觉并照顾他人和自己情绪的人，而这就是人际关系中最智慧的相处之道。

道歉不仅表达着我们的真诚和善良，也是一种以退为进的智慧之道。

一旦道歉的行动出现，那你就会发现：第一，事情并没有想象中那么严重，是情绪在高低起伏；第二，你是先道歉和反省自己的人，对方却成为主动说自己不对的人。

所以说，道歉是一种沟通策略，能够最快地把冲突双方拉回关系中一起去面对矛盾，而不是面对面做彼此的辩论者。

其实，人际关系的冲突就像博弈，彼此都想方设法地去扳倒对方。而道歉却可以让关系从博弈变成拔河，两个人都站在这条线上，去平等地交流和沟通。

总之，道歉并不丢人，是一个成年人为自己行为负责的样子。与谁对谁错相比，敢于道歉的人，才是那个最能为彼此关系负责的人。

为什么你总觉得自己一无是处

一个人可能在什么都没有发生的情况下怨天尤人吗?

这很难想象,但现实中却有很多。

前几天,和一个朋友见面,二十几分钟的聊天里,她倒尽苦水。

她把自己描述成全天下最不幸的那个人,而事实上,她身体健康,事业顺利,家庭条件优越,儿女双全,老公也温柔体贴。

她不否认这些拥有,但她会接着说两个字——"但是",明明身居要职,她会说"但还不是早晚会被顶替";明明家庭幸福,她却把焦点停在"但是我们也经常争吵"上。

就这样,没有是缺憾,拥有是障碍,她似乎想让整个人坠入负面情绪。

其实,像她一样烦恼的人很多。为什么会这样?因为我们每个人都有不同程度的自卑,总想让自己脱颖而出,总想过更好的生活,所以就有了比较、评判,也就产生了很多很多的烦恼。

为什么我们这么"作"呢？

其实，我们终其一生，不管有多少挣扎和纠结，归根结底，都在为三种感觉买单：价值感、掌控感和安全感。

价值感：我很重要

每个人都渴望被人需要，尤其是自己在乎的人，似乎只有这样，自己才有存在的价值感。一旦价值感不足，人就会变得颓废甚至自暴自弃，同样，为了岌岌可危的价值感，人也会不顾一切。

来访者真真跟我说的第一句话就是："我觉得自己一无是处，活着就像行尸走肉。"

她哭诉，自己省吃俭用，给双方父母买很多营养品和衣服，即便工作辛苦，还是把家里收拾得十分妥帖，悉心照料着老公和儿子的起居，可是，父母不领情，老公忽视她，儿子不听话，总之，没有人懂她、爱她。而工作中也不例外，她常常放着自己的工作不做，去帮助他人，但部门聚餐时却唯独落下她。她问我："可能是忘了吗？我不信。"然后自言自语道："真失败，我就这么不招人待见。"

其实，真真是一种讨好型人格，她最典型的特征是价值感很低，所以，行为上喜欢讨好，情绪上时常堆积很多抱怨、委屈和压抑的情绪。这就不难理解，她会觉得父母偏爱其他兄弟姐妹，老公不在乎她，孩子不听话，同事不重视她。

最危险的是，有讨好型人格的人易患抑郁症，因为他们总是过度压抑自我。心理学研究发现，抑郁症患者最核心的问题就是价值感低下，认为自己活着毫无意义和价值。

不得不说，很多人选择讨好和指责的背后，不过是为了证明"我很重要"，所以，一旦对方的反应与我们的期待不符，就会试图用屈服或者控制的方式来平衡内心。如果这些都不能满足，那就会进入另一个阶段，即自我贬低，认为"我不好""活着没有意义"，这是十分危险的。

掌控感：我可以做到

所谓掌控感，是一个人自我评估能否成功完成一件事的程度，它是自尊和自信的来源，掌控感回答的问题是："我可以做到吗？"

如果一个人的掌控感出了问题，就会出现退缩、逃避、冲突、自怨自艾的行为。

在我的情商课里，有这样一对母女。

孩子很优秀，虽然只有8岁，但英语水平已经达到小学五年级的程度，思维也特别活跃，属于那种很有创意，也很有主见的孩子。

妈妈本身就很优秀，为了照顾孩子才选择辞职在家。她每年都陪孩子去四处旅行体验生活，但她受不了的是，孩子总跟她作对。比如孩子喜欢粉色，可当她买给孩子一个粉色的礼物时，孩子总是唱反调，说自己并不喜欢；孩子在外面上培训班，她因为担心孩子吃不好，就给孩子打电话，但孩子总是没等她说完就挂了电话。

她说，这个孩子非常自私，不懂得感恩。是这样吗？其实不是。

孩子一直在用这样的方式跟妈妈"宣示主权"，她本来就是一个很有想法和主见的孩子，可是妈妈总想为她解决问题，所以，一个要价值感的妈妈和一个要掌控感的孩子就进入了权力争斗。

本来孩子正要吃饭，妈妈一参与，孩子就不吃了；本来孩子正要写作业，妈妈一提醒，她就不做了。要想亲子关系和谐，这个妈妈最大的功课就是满足孩子"我可以做到"的掌控感。

毫不夸张地说，掌控感是一个人自我成长和提升最重要的力量来源。

一个掌控感没有得到满足的人，长大后会遇到各种各样的问题：不敢争取属于自己的利益；不敢开始一段新恋情；做事犹豫不决，甚至一件事总是在成功之际功亏一篑；等等。因为他的心里充满怀疑和恐惧。

所以，不管是成人还是孩子，都需要那份"我可以做到"的掌控感，否则，他就没有勇气去面对未知和挑战。

安全感：我值得被爱

安全感是一段关系得以开始的根基，也是一段关系出现裂痕的导火索。安全感回答的问题是："我值不值得被爱？""这个世界是不是安全的？"

安全感在人际关系中体现得最为明显，当一个人对一段关系没有了安全感，就会衍生各种匪夷所思的行为。

同学静静有二胎后，大儿子问题频出。比如，吃饭必须和弟弟用一样的餐具，晚上必须和妈妈一起睡，会穿衣服的他宁愿迟到，也要等妈妈给他穿。

说教没用后，静静开始对他批评、喊叫，每当这时，孩子就会握着拳头朝弟弟喊："都是因为你！"更让静静头疼的是，一向生活可以自理的儿子频频在幼儿园尿裤子，静静说他就是故意的。

其实，我更愿意相信是孩子的安全感出了问题，弟弟出生后，他害怕妈妈的爱被分享，所以想尽办法来试探，而妈妈的训斥恰好给了他一个负面反馈："妈妈果然不爱我。"

这样一来，他就会变本加厉，不惜用退化性行为来换取妈妈对弟弟那样的照顾。

是不是有些不可理喻？其实大人也一样。

比如亲密关系遇到一点儿问题后，其中一方就陷入不安，忍不住查对方的手机，语言上冷嘲热讽，甚至故意和其他异性接触等。

其实，他们深知这样的行为不妥，但安全感不足时，他们就会不惜一切来探寻"我值得被爱吗""我安全吗"等问题的答案。总之，一旦安全感出问题，一段关系就时刻走在擦枪走火的边缘。

自我意识与内在力量

为什么人会费尽心思追求这三种感觉呢?

因为想要一种夯实的内在力量。对此,心理学家弗洛姆说: "成熟的人能够创造性地发挥自己的内在力量。"①

内在力量的强大程度,就是价值感、掌控感、安全感的整合程度。

有了价值感,你才能看到自己的优势,才能真正意识到外界的肯定、关注或者离开并不能决定你存在的意义;有了掌控感,你才愿意尝试,也才能积累成功的经验,去做更多更大的事情;有了这些价值感和掌控感后,你才会把自己当成独立的个体,也就是拥有安全感,才会创造性地面对人生中的各种挑战,而不是一味地向外界索要。

所以,你要做的是:

首先,保持独立的自我意识。告诉自己,一切感觉的核心不在外界而在于自己,当你在工作、生活或者人际关系中出现一些烦恼时,试着问问自己:"这是我的哪一种意识在活动?"只有保持这样的察觉,你才会去慢慢看见自己、了解自己、满足自己。

其次,对自己保持接纳。当你不接纳自己时,就不会接纳这个世界的任何东西,不管眼前和自己相处的人有多完美,你都会选择

① 弗洛姆,《爱的艺术》。

视而不见甚至横加指责。

虽然我们终其一生都在寻找"我很重要"的价值感、"我可以做到"的掌控感和"我值得被爱"的安全感，但这一切能够满足的前提是我们愿意成为自己的主人，真正为自己负责，而不是把这三种感觉绑在其他人身上。

年龄不是成熟的代名词，我们一生都在成长。所以，如果你因为这三种感觉而陷入烦恼，就请问问自己："如果可以增加5%的价值感、掌控感或者安全感，我可以去做什么？"

只要你不断从价值感、掌控感、安全感上关照自己，你的心理韧性就会变得如同一棵劲草，任凭风雪吹过，柔软却坚实，顽强又持久。

韧性不会从天而降

心理韧性是一种可以开发和培养的能力，但与自信、乐观、希望不同的是，韧性是在问题中训练出来的。

那要如何训练呢？下面，我们就来看看提升心理韧性的"423法则"，4是指处理冲突的4个原则，2是指化解问题的2个步骤，3是指自我整合的3个技巧。

处理冲突的4个原则

在这个部分，"大于"非常重要。

原则一：心情大于事情。

很多事情之所以得不到解决，不是因为事情有多么难，而是人被心情操控着。

比如一个妈妈抱着孩子去超市，一个年轻姑娘撞到了孩子，却没有道歉。

于是，这个妈妈抱着孩子跟年轻姑娘理论，说着说着，两人开始大打出手，本来被妈妈抱着的孩子因为打架摔到地上大哭了起来。

妈妈的初衷是保护孩子，但被情绪操控的她根本无暇顾及孩子的安全，反而给孩子带来了更大的伤害。

所以，遇到冲突时，你要知道，比事情更重要的是你的情绪状态，你可以提醒自己："先处理心情，再处理事情。"

原则二：关系大于冲突。

朋友说大女儿跟她不亲，遇到事情偷偷给爸爸和奶奶打电话，但跟眼前的妈妈什么都不说。

比如女儿过生日，她特意给女儿买了最想要的纱裙，但吃过饭后，孩子要去找奶奶一起睡午觉。妈妈说："你看，妈妈都给你买了好看的裙子，今天就不去了，好吗？"

孩子想了一会儿说："妈妈，要不你把裙子给妹妹吧，我还是想去找奶奶睡。"可想而知，被女儿拒绝的妈妈有多懊恼，她把孩子推出卧室，孩子在外面一边哭一边求饶，妈妈在卧室里大哭，又心疼又愤怒。

是的，冲突发生时，我们会很难受，恨不得让对方立即消失，甚至会说出一些狠话，但其实关系才是最重要的，冲突可以在情绪之后化解，但伤害了的关系是很难修复的。

很多伴侣出现冲突时，会选择用同样的方式去报复对方，不得不说，这样的方式不仅不会化解冲突，反而会让关系受到致命的伤害。所以，不管有多大的冲突，都不要轻易从关系的角度去解决。

原则三：联系大于分离。

遇到冲突时，我们的反应大都是推开对方，其实，越有矛盾，越需要在一起。因为推开意味着分离，而分离意味着威胁，威胁会让人感到挫败，而挫败感会引发攻击性。

所谓的分离，是指贬低对方的存在感，否定对方的感受，在物理空间上疏远对方，以及随意提分手或者放弃感情。总之，就是一切把"我们"看作"你是你，我是我"的情况。

我们拿孩子举例，很多家长会在孩子犯错时，把孩子关到一个房间，或者让孩子自己待在一个角落里。这会让孩子口头上承认错误，但你会发现，孩子不会真正改变。

因为推开让他感觉到了恐惧，人在恐惧的时候会妥协，但一定不会感受到爱。所以，有问题时，我们可以一起各自安静几分钟，但不要以威胁和惩罚的形式把对方推开。

原则四：示范大于引导。

有这样一个案例，一个妈妈和闺密约好去逛街，但到了中午，她实在不想去，但她又不想直接和闺密说不去，于是，在电话里，她说："亲爱的，我今天头疼，就不去了。"

儿子过来抱抱妈妈，问："妈妈，你头疼吗？"妈妈否认，孩子说："可你跟阿姨是这么说的。"妈妈没有理会孩子，但中午吃饭发生了这样一幕，她喊孩子吃饭时，孩子说："我不想吃。"妈妈一再追问，孩子说："我头疼。"

这就是示范，我们解决问题的方式会被对方记住，当对方与我们之间产生问题时，他就会去模仿。

生活中，我们常常看到这样的场景，爸爸妈妈对着说话的孩子大吼："你给我安静点儿！"很多孩子会很迷茫地看着爸妈，问："为什么？"而一个成人对着另一个成人喊："小点儿声！"另一个人会回怼说："你怎么不小点儿声？！"

这就是示范大于引导，我们的肢体行为会比语言更容易被对方记住，所以，在任何关系中，尤其在亲子关系中，一定要多用示范影响对方，而不是用权威引导对方，因为，引导意味着有强有弱，而示范是："我感觉好，所以我愿意做。"

化解问题的2个步骤

第一步：接纳。

如何接纳？我给你介绍一个接纳冲突和问题的方法，就是用具体的形象来形容你的问题。比如你和伴侣吵架了，你很愤怒。你可以想象一下，你正在看电视，电视频道播到夫妻吵架的场景，你可以把你们的真实情况像电视里一样在脑海里播放出来，当你感觉播放完后，按掉想象中的电视开关。这样一方面会让你接纳事情的发生，另一方面会帮助你冷静下来。

第二步：分离。

接纳之后的分离非常重要，分离的方法叫作"人生三件事分离法"，能帮助你找到解决问题的关键。

简快身心积极疗法的导师李中莹老师将老天、他人和自己总结为人生三件事。下面，我们就用李老师的方法来加以说明。

三件事是指老天的事、他人的事和自己的事。任何烦恼和困难，如果拆开来看，就会发现大都是这三个方面的苦恼。

什么是老天的事？就是我们不得不臣服的事，比如历史大背景、天灾人祸，就像2020年的疫情，没有人希望它发生，但是没有人能让它立马消失，如果你天天跟疫情过不去，痛苦的人是你，而且于事无补。所以，老天的事需要接受。

什么是他人的事？比如学习是孩子的事，抽烟是老公的事，要不要去健身是朋友的事，不管你多爱他们，你都只能尊重他们的决定。或许你可以强硬地要求他们改变，但这不仅会使你们双方痛苦，而且也只是退而求其次的改变，不会长久，因为从来不会有一个人愿意让另一个人掌控自己。

什么是自己的事？就是你通过努力可以带来改变的事，比如孩子写作业分神，你不能只是一味地说他，但你可以把学习桌整理干净，这就是你的事，而且整理书桌比跟孩子讲道理更有效。

"人生三件事分离法"可以帮助你减少痛苦的体验，而且也可以让你找到化解冲突的方法。

自我整合的3个技巧

技巧一：心理地图。

所谓心理地图，就是清楚地知道自己要什么。

先来做一个小练习，试着闭上眼睛，做几组深呼吸，给自己找一个舒服的位置，请不要想大熊猫，不要想黑白相间的大熊猫，不要想四川卧龙的大熊猫。睁开眼睛，请告诉我，刚刚你在想什么？在想黑白相间的大熊猫，对吗？

我们的大脑对于正向的信息比较感兴趣，就像很久以前看过的一个小品那样，主角一直告诉自己"我不紧张，我不紧张……"结果一上台他就说："我叫不紧张。"

人的心理就像定位一样，你定在哪里，你才可能去哪里。

生活中，不要只是指责抱怨，而要多用积极的语言让自己和别人都清楚你要什么和你要去哪里。

技巧二：积极意象。

用积极意象来提升心理韧性，有两个方法。

第一个是改造自我形象。就是去创造一个与你担心的形象相反的画面。比如，你担心自己这不好那不好，那就用积极意象的方法，想象自己很完美的样子。

第二个是为自己创造一个意向榜样。在你的生活或者工作中，总有些人是你认同和喜欢的，那你就可以借这个人的优势来帮你做事。比如，我有个来访者，她在工作中会把组长当成自己的榜样，每当工作中遇到困难和问题，她就会想象如果是组长，她会怎么说、怎么做。而当生活中遇到冲突时，她就会想象我会怎么跟她说。这样下来，一个周期的咨询还没结束，她就已经成长得非常快了。

希望你也能找到适合你的积极意象。

技巧三：自我肯定。

人之所以沉浸在痛苦中，很多时候是因为只让自己关注不好的一面。

比如拿了1000块钱奖金，你会想怎么没拿到1500块钱；考了98分，你会想怎么还差2分。要想让你的心理更有弹性，你要学会肯定自己已经做到的那一面。

很简单，你可以每天睡前记录3件与你相关的好事，比如你遇到了挫败的事，但没有发脾气，而是画了一幅曼陀罗。记下来会帮助你积累正面的心理资本。

这不是自我麻痹，是因为任何事情都有两面，如果只是关注糟糕的一面，你会越来越没有动力，越来越无助，问题还没发生，你就已经被自己吓倒了。

生活中的烦恼很多，无法一一列举，但请你记住提升韧性的423法则，当你遇到挫折时，请选择适合你的方法。

没有人愿意经历挫折和烦恼，但它就是生活的一部分。一个人的心理韧性水平的提升就像孩子的成长一样，势必会经历一些摔倒、困难，会哭鼻子，会想要放弃，但孩子还是选择了继续，所以，孩子最终学会了很多生活技能，长成了一个独立的成年人。

　　所以，不管你遇到什么，都请给自己一个理由选择继续，希望不是从天而降的，而是从你的选择开始的。

心理资本调查问卷

尊敬的先生/女士：

您好！以下题目是对心理资本水平的描述，每个人都有自己的情况，选择没有好坏与对错之分，只需根据自己的真实感受填写，才能真正了解自己的心理资本水平，也才能更好地使用本书，以及在工作、生活中更好地提升自己。

1=完全不同意；2=不同意；3=不确定；4=同意；5=完全同意。每道题请选择一个答案，尽量少选不确定，凭直觉快速作答，切勿遗漏题目。

（注：标注R意味着反向计分。）

编号	题项	完全不同意	不同意	不确定	同意	完全同意
A1	我相信自己能分析长远的问题，并找到解决方案。	1	2	3	4	5
A2	和权威一起开会，在陈述自己熟悉的事情方面我很自信。	1	2	3	4	5

续表

编号	题项	完全不同意	不同意	不确定	同意	完全同意
A3	我相信自己对组织和他人有贡献。	1	2	3	4	5
A4	我相信自己能够协助领导及权威设定目标。	1	2	3	4	5
A5	我能够与组织外部人员（如客户）独立且有效地沟通，并讨论问题。	1	2	3	4	5
A6	我相信自己能够向一群身边人陈述信息。	1	2	3	4	5
A7	当我发现自己在工作中陷入了困境，我能想出很多方法摆脱困境。	1	2	3	4	5
A8	目前，我可以精力饱满地完成自己的工作目标。	1	2	3	4	5
A9	任何问题都有很多解决办法。	1	2	3	4	5
A10	眼前，我认为自己在工作上相当成功。	1	2	3	4	5
A11	我能想出很多办法来完成我目前的任务。	1	2	3	4	5
A12	目前，我正在实现我为自己设定的目标。	1	2	3	4	5
A13	在工作中遇到挫折时，我很难从中恢复过来，再继续前进。（R）	1	2	3	4	5
A14	我无论如何都会去解决遇到的难题。	1	2	3	4	5
A15	如果某项工作不得不做，可以说，我也能独立战斗。	1	2	3	4	5
A16	我通常对工作、生活中的压力能泰然处之。	1	2	3	4	5

续表

编号	题项	完全不同意	不同意	不确定	同意	完全同意
A17	因为以前经历过很多磨难，所以我现在能挺过很多工作、生活上的困难。	1	2	3	4	5
A18	我目前能同时处理很多事情。	1	2	3	4	5
A19	当遇到不确定的事情时，我通常认为会有好的结果。	1	2	3	4	5
A20	如果某件事会出错，即使我仔细地工作，也一样会出错。（R）	1	2	3	4	5
A21	我对工作、生活充满希望，总能看到光明的一面。	1	2	3	4	5
A22	对我的未来会发生什么，我是乐观的。	1	2	3	4	5
A23	在我目前的工作中，事情从来没有像我希望的那样发展。（R）	1	2	3	4	5
A24	工作时，我总相信"黑暗的背后就是光明，不用悲观"。	1	2	3	4	5

如有任何疑问，可与我们联系，祝工作顺利，身体健康！

评分说明：

问卷总分为120分。

1.总分108分及以上，代表你的心理资本水平很高，工作、生活中的挑战并不会给你带来太多影响，你能积极面对并创造新的机会。

2.总分96～107分，代表你的心理资本水平相对较高，能够主动应对工作、生活中的挑战，经过自我调整，你可以保持积极的心理状态。

3.总分72～95分，代表你的心理资本水平良好，会有情绪波动，但愿意尝试面对并解决工作、生活中的挑战。

4.总分71分及以下，代表你的心理资本水平相对较低，经常会有挫败、悲观的状态，日后，你需要加强和关注自己的心理资本水平，可适度寻求外部支持。

（注：1～6题为自信水平；7～12题为希望水平；13～18题为韧性水平；19～24题为乐观水平。若单个维度得分低于18分，可适度关注该维度状况并积极调节。）

参考文献

［1］阿德勒．这样和世界相处：现代自我心理学之父的十五堂生活自修课［M］．文韶华，译．南京：江苏凤凰文艺出版社，2016．

［2］阿德勒．自卑与超越［M］．江月，译．北京：中国水利水电出版社，2020．

［3］弗洛姆．爱的艺术［M］．李健鸣，译．上海：上海译文出版社，2008．

［4］岸见一郎，古贺史健．被讨厌的勇气："自我启发之父"阿德勒的哲学课［M］．渠海霞，译．北京：机械工业出版社，2015．

［5］费希尔，艾伯蒂．分手后，成为更好的自己［M］．熊亭玉，译．成都：四川人民出版社，2018．

［6］卡尼曼．思考快与慢［M］．胡晓姣，李爱民，何梦莹，译．北京：中信出版社，2012．

［7］黄益卿．费斯汀格认知失调理论对中职后进生教育启示

［J］. 职业教育在线，2010（2）.

［8］斯坦诺维奇. 对伪心理学说不［M］. 窦东徽，刘肖岑，译. 北京：人民邮电出版社，2012.

［9］彼得森. 打开积极心理学之门：全面、系统了解积极心理学第一书［M］. 侯玉波，王非，译. 北京：机械工业出版社，2016.

［10］怀斯曼. 怪诞心理学：揭秘不可思议的日常现象［M］. 路本福，译. 天津：天津教育出版社，2009.

［11］林文采，伍娜. 心理营养：林文采博士的亲子教育课［M］. 上海：上海社会科学院出版社，2016.

［12］刘颖. "费斯汀格法则"在公司治理中的作用——以"熊猫快餐"为例［J］. 管理在线，2016（8）.

［13］路桑斯，等. 心理资本［M］. 李超平，译. 北京：中国轻工业出版社，2008.

［14］塞利格曼. 持续的幸福［M］. 赵昱鲲，译. 杭州：浙江人民出版社，2012.

［15］赛利格曼. 认识自己，接纳自己［M］. 任俊，译. 沈阳：万卷出版公司，2010.

［16］麦凯，范宁. 自尊［M］. 马伊莎，译. 北京：机械工业出版社，2018.

［17］布兰登. 自尊的六大支柱［M］. 吴齐，译. 北京：红旗出版社，1998.

［18］埃文斯. 不要用爱控制我［M］. 郑春蕾，梅子，译. 北京：京华出版社，2012.

［19］彭凯平，闫伟. 活出心花怒放的人生［M］. 北京：中信出版集团，2020.

［20］达利欧. 原则［M］. 刘波，綦相，译. 北京：中信出版社，2018.

［21］沙哈尔. 幸福的方法［M］. 汪冰，刘骏杰，译. 北京：当代中国出版社，2007.

［22］王盛花. 工作特征、心理资本和员工敬业度的关系研究［D］. 华东理工大学，2012.

［23］武志红. 七个心理寓言：武志红的心理沐沐茶［M］. 北京：世界图书出版公司，2008.

［24］小仓广. 接受不完美的勇气［M］. 杨明绮，译. 长沙：湖南文艺出版社，2015.

［25］熊猛，叶一舵. 积极心理资本的结构、功能及干预研究述评［J］. 心理与行为研究，2016（16）.

［26］曾立华，李其华，雷春华，等. 幸福与快乐的化学因子［J］. 科技视角，2019（26）.

［27］西格尔. 感受爱：在亲密关系中获得幸福的艺术［M］. 任楠，译. 北京：机械工业出版社，2019.

［28］朱清婷. 反转新闻受众认知失调研究——以罗一笑事件为例［D］. 深圳大学，2018.

［29］朱芸，张锋. 认知不协调理论述评［J］. 外国教育资料，1998（6）.

［30］AVEY J B, LUTHANS F, SMITH R M, et al. Impact of positive psychological capital on employee well-being over time［J/OL］. Journal of Occupational Health Psychology, 2010, 15(1)：17-28.https：//doi.org/10.1037/a0016998.

［31］SNYDER C R. Hope theory：Rainbows in the mind［J/OL］. Psychological Inquiry, 2002, 13(4)：249-275［2019-12-19］.http：//dx.doi. org/10. 1207/S15327965PLI1304_01.